“十二五”普通高等教育本科
国家级规划教材

SHUZHI FANGFA
JIANMING
JIAOCHENG

数值方法简明教程

（第二版）

主编
聂玉峰　王振海

高等教育出版社·北京

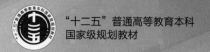

内容简介

本书简明系统地介绍了科学与工程计算中基本的数值型计算方法，取材精炼，层次清晰，逻辑严谨，注重基本思想的阐述，突出内容的实用性以及数值计算方法的适用性。

本书内容包括误差分析的基础知识、非线性方程求根、线性代数方程组的直接解法和迭代解法、函数插值、数据拟合、数值微分与数值积分、常微分方程初值问题的数值解法以及矩阵特征值与特征向量的近似计算。每章还附有知识结构图、习题以及数值实验题。书中以二维码形式给出了重要知识点的精讲视频，便于读者有选择地学习。

本书可作为高等学校工科类本科少学时“计算方法”课程的教材或教学参考书，也可供从事科学与工程计算的科技人员参考。

图书在版编目(CIP)数据

数值方法简明教程 / 聂玉峰，王振海主编. -- 2版. -- 北京 : 高等教育出版社，2020.12（2021.12重印）
ISBN 978-7-04-055210-2

Ⅰ. ①数… Ⅱ. ①聂… ②王… Ⅲ. ①数值计算－高等学校－教材 Ⅳ. ①O241

中国版本图书馆 CIP 数据核字(2020)第 210252 号

策划编辑 高 丛　　责任编辑 高 丛　　封面设计 姜 磊　　版式设计 王艳红
插图绘制 李沛蓉　　责任校对 王 雨　　责任印制 刁 毅

出版发行	高等教育出版社	网　址	http://www.hep.edu.cn
社　址	北京市西城区德外大街 4 号		http://www.hep.com.cn
邮政编码	100120	网上订购	http://www.hepmall.com.cn
印　刷	山东韵杰文化科技有限公司		http://www.hepmall.com
开　本	787mm × 960mm　1/16		http://www.hepmall.cn
印　张	11.25	版　次	2011 年 1 月第 1 版
字　数	200 千字		2020 年 12 月第 2 版
购书热线	010-58581118	印　次	2021 年 12 月第 2 次印刷
咨询电话	400-810-0598	定　价	24.50 元

本书如有缺页、倒页、脱页等质量问题，请到所购图书销售部门联系调换

物 料 号　55210-00

第二版前言

本书第一版于2011年出版，在过去的九年间被广泛使用。为适应新时代教育信息化的快速发展，便于读者个性化学习，实现资源优化与共享，经过广泛调研，并征求使用高校师生的意见与建议，开启本书的修订。

本书修订后内容、结构和风格没有变化，主要是增加了重要知识点的精讲视频资源，并以二维码形式呈现，便于读者有选择地学习，同时纠正了极个别的打印排版错误。全书的重点精讲视频依章节顺序分别由聂玉峰（第一章）、蔡力（第二章）、佘红伟（第三章）、袁占斌（第四章）、荆菲菲（第五章）、赵俊锋（第六章）和王振海（第七、八章）录制主讲。各章的视频围绕重要的概念、定理、方法、思想和应用进行设计，目的是便于读者对重点、难点进行课外再学习和再巩固。

参加本次修订工作的有聂玉峰（第一章），王振海、李文成（第二章），佘红伟（第三章），袁占斌（第四章），张伟伟（第五章），赵俊锋（第六章），王振海（第七章），蔡力（第八章）。全书内容由聂玉峰和王振海策划、组织、审定。

蒋耀林教授对本书进行了全面审查，并给出了具体的意见与建议，为确保教材质量起到了重要作用。在出版过程中，高等教育出版社的高丛编辑为本书及时、高质量出版付出了辛勤劳动，同时书中的视频录制得到西北工业大学的资助，在此一并表示真诚的感谢。

由于作者水平有限，书中的疏漏难以避免，希望读者批评指正。

编　者

2020年1月于西北工业大学

第一版前言

随着计算机技术的发展及其在科学、工程、医学、经济等领域的深入应用，掌握基本的数值计算方法已经成为理工科学生亟须具备的技能之一。我校面向工科学生开设少学时计算方法课程有近三十年的历史，先后使用了三套自编教材，积累了大量的教学经验。根据多年的教学实践，并考虑到新世纪对理工科学生的创新能力培养的要求，我们重新组织有丰富教学经验的教师以及年轻博士编写新教材。

本书在编写的过程中，注重数值方法思想的阐述，强调重要的有科学意义的结论以及得到广泛应用的算法，追求概念准确、内容精练、条理清晰、语言流畅，在整个教材中将冯康原理，即“理论上等价的数学表述，在计算实践中并不一定等效；离散问题尽可能保持连续问题的固有特征”，融入近似思想的阐释、算法分析与评判、例题以及习题的设计当中。对于每一种算法，书中既强调它的优点，也指出它的不足或适用范围，这样处理意在激发学生的创造力，也避免应用过程中对算法不加选择地盲目使用。

在内容的组织上，本书增加了一些在当前科学研究中得到重要应用的方法，如移动最小二乘方法；相应地对经典的内容进行了凝练，以满足少学时的要求，如删掉一些定理结论的证明过程；以例题的形式取代某些一般性的公式表达，并在具体处理时综合考虑了知识的完整性、系统性和思想性。

学习本书需要具备高等数学和线性代数方面的基础知识，教学实践环节要求掌握一门计算机高级语言。讲授完本书大约需要 40 学时。本书不仅适于作为高等学校工科学生少学时计算方法课程的教材或参考书，也可供从事科学与工程计算的科技人员参考。

本书第一章由蔡力执笔，第二章由李文成执笔，第三章由佘红伟执笔，第四、五章由袁占斌执笔，第六章由赵俊锋执笔，第七、八章由王振海执笔。全书内容、结构由聂玉峰规划、组织、审定。

本书编写过程中得到高等教育出版社以及西北工业大学教务处的大力支持，特别是责任编辑李华英为提高书稿质量付出了辛勤的劳动，同时也得到欧阳洁教授和车刚明副教授的关心和帮助，在此一并表示诚挚的感谢。限于水平和时间，书中定有不妥和疏漏之处，欢迎读者批评指正。

编　者

2010 年 2 月于西北工业大学

目　录

第一章　绪论 …… 1

§ 1.1　引言 …… 1

§ 1.2　误差的度量与传播 …… 3

§ 1.3　数值实验与算法性能比较 …… 6

知识结构图 …… 12

习题一 …… 12

第二章　非线性方程数值解法 …… 14

§ 2.1　引言 …… 14

§ 2.2　二分法 …… 15

§ 2.3　简单迭代法 …… 18

§ 2.4　Newton 迭代法 …… 25

知识结构图 …… 33

习题二 …… 33

第三章　线性代数方程组的解法 …… 35

§ 3.1　引言 …… 35

§ 3.2　Gauss 消去法 …… 36

§ 3.3　矩阵三角分解法 …… 40

§ 3.4　解线性方程组的迭代法 …… 48

知识结构图 …… 59

习题三 …… 60

第四章　函数插值 …… 62

§ 4.1　引言 …… 62

§ 4.2　Lagrange 插值 …… 64

§ 4.3　Newton 插值 …… 67

§ 4.4　等距节点插值 …… 71

§ 4.5　Hermite 插值 …… 72

§ 4.6　分段插值 …… 75

§ 4.7　三次样条插值 …… 78

知识结构图 …… 81

习题四 …… 81

第五章　曲线拟合的最小二乘法 …… 83
§5.1　引言 …… 83
§5.2　线性代数方程组的最小二乘解 …… 84
§5.3　曲线最小二乘拟合 …… 85
§5.4　移动最小二乘近似 …… 88
知识结构图 …… 91
习题五 …… 91

第六章　数值微分与数值积分 …… 93
§6.1　引言 …… 93
§6.2　数值微分公式 …… 94
§6.3　Newton-Cotes 求积公式 …… 99
§6.4　复化求积法 …… 106
§6.5　Romberg 求积法 …… 111
§6.6　Gauss 型求积公式 …… 114
知识结构图 …… 119
习题六 …… 119

第七章　常微分方程初值问题的数值解法 …… 122
§7.1　引言 …… 122
§7.2　Euler 方法及其改进 …… 123
§7.3　Runge-Kutta 方法 …… 130
§7.4　线性多步法 …… 139
知识结构图 …… 145
习题七 …… 145

第八章　矩阵特征值和特征向量的计算 …… 147
§8.1　引言 …… 147
§8.2　乘幂法与反幂法 …… 148
§8.3　Jacobi 方法 …… 154
知识结构图 …… 160
习题八 …… 160

部分习题答案 …… 162

参考文献 …… 168

第一章 绪 论

本章以误差为主线,介绍了数值计算方法课程的特点,并简要描述了与数值算法相关的基本概念,如收敛性、稳定性,其次给出了误差的度量方法以及误差的传播规律,最后,结合数值实验指出了算法设计时应注意的问题.

重点精讲

1.1 内容概要与特点

§1.1 引言

数值计算方法以科学、工程等领域所建立的数学模型为求解对象,目标是在尽可能少的有限时间内利用计算工具计算出模型的有效解答.

由于科学与工程问题的多样性和复杂性,所建立的数学模型也呈现出相应的特点. 复杂性表现在如下几个方面:求解系统的规模很大,多种因素间的非线性耦合,海量的数据处理等,这样就使得在其他课程中学到的分析求解方法因计算量庞大而不能在期望的时间内得到计算结果,事实上,更多的复杂数学模型没有分析求解方法.这门课程则是针对从各种各样的数学模型中抽象出或转化出的典型问题,介绍有效的串行求解算法,它们包括

(1) 非线性方程的近似求解方法;

(2) 线性代数方程组的求解方法;

(3) 函数的插值近似和数据的拟合近似;

(4) 积分和微分的近似计算方法;

(5) 常微分方程初值问题的数值解法;

(6) 矩阵特征值与特征向量的近似计算方法；
等等.

从如上内容可以看出，数值计算方法的显著特点之一是“近似”.之所以要进行近似计算，这与我们使用的计算工具、追求的目标以及参与计算的数据来源等因素有关.

计算机只能处理有限数据，只能区分、存储有限信息，而实数包含无穷多个数据，这样，当把原始数据、中间数据以及最终计算结果用机器数表示时，就不可避免地引入了误差，称之为**舍入误差**.

当我们需要在有限的时间内得到运算结果时，就需要将无穷的计算过程截断，从而产生**截断误差**.如 $e=1+\frac{1}{1!}+\frac{1}{2!}+\cdots$ 的计算是无穷过程，当用 $e_n=1+\frac{1}{1!}+\frac{1}{2!}+\cdots+\frac{1}{n!}$ 作为 e 的近似时，则仅需要进行有限步骤的计算，这便产生了截断误差 e_n-e.

当用计算机计算 e_n 时，因为舍入误差的存在，我们也只能得到 e_n 的近似值 e^*，也就是说 e 的近似值 e^* 既包含舍入误差，也包含截断误差.

截断误差与舍入误差是计算过程中新产生的误差，事实上，当参与计算的原始数据是从仪器中观测得来时，也不可避免地有**观测误差**.

由于这些误差的大量存在，我们只能得到近似结果，于是必须对近似计算结果的“可靠性”进行分析，它成为数值计算方法的第二个显著特点.可靠性分析包括原问题的适定性和算法的收敛性、稳定性.

所谓问题的**适定性**是指解的存在性、唯一性，以及解对原始数据的连续依赖性.对于非适定问题的求解，常需要作特殊的预处理，然后才能进一步用数值方法求解.在这里，如无特殊说明，都是对适定的问题进行求解.

对于给定的算法，若有限步内得不到精确解，则需研究其收敛性.**收敛性**是在不考虑舍入误差的条件下研究当允许计算步越来越多时，是否能够得到越来越可靠的结果，也就是研究截断误差是否能够趋于零.

对于给定的算法，**稳定性分析**是指随着计算过程的逐步向前推进，研究观测误差、舍入误差对计算结果的影响是否大的无法控制.

对于同一类模型问题的求解算法可能不止一种，常希望从中选出高效可靠的求解算法.如我国南宋时期著名的数学家秦九韶就给出计算 n 次多项式 $a_nx^n+a_{n-1}x^{n-1}+\cdots+a_1x+a_0$ 值的如下快速算法：

$$s=a_n;$$

$$t=a_{n-k};\quad s=sx+t\quad (k=1,2,\cdots,n).$$

它通过 n 次乘法和 n 次加法就计算出了任意 n 次多项式的值.再如幂函数 x^{64} 可以通过如下快速算法计算出其值:

$$s=x;$$

$$s=s\cdot s;\quad \text{循环 6 次}.$$

上述算法仅用了 6 次乘法运算,就得到计算结果.

算法最终需要在计算机上运行相应程序,才能得到结果,这样就要关注算法的时间复杂度(运行程序所需时间的度量)、空间复杂度(程序、数据对存储空间需求的度量)和逻辑复杂度(关联程序的开发周期、可维护性以及可扩展性).事实上,每一种算法都有自己的局限性和优点,仅仅理论分析是很不够的,大量的实际计算也非常重要,结合理论分析以及系统的数值测试结果才有可能选择出适合自己关心问题的高效可靠求解算法.也正因如此,只有理论分析结合实际计算才能真正把握算法.

重点精讲

1.2 误差来源与度量

§1.2 误差的度量与传播

一、误差的度量

误差的度量方式有绝对误差、相对误差和有效数字.

定义 1.1 若用 x^* 作为 x 的近似值,则称 $x^*-x=e(x^*)$ 为近似值 x^* 的**绝对误差**.

由于 x 的真值通常未知,所以绝对误差不能依据定义求得,但根据测量工具或计算情况,可以估计出绝对误差绝对值的一个较小上界 ε,即有

$$|e(x^*)|=|x^*-x|\leqslant\varepsilon, \tag{1.1}$$

称正数 ε 为近似值 x^* 的**绝对误差限**,简称**误差**.这样得到不等式

$$x^*-\varepsilon\leqslant x\leqslant x^*+\varepsilon.$$

工程中常用

$$x=x^*\pm\varepsilon$$

表示近似值 x^* 的精度或真值 x 所在的范围.

误差是有量纲的,所以仅误差数值的大小不足以刻画近似的准确程度.如量

$$\begin{aligned} s &= (123\ \pm 0.5)\,\mathrm{cm} = (1.23\ \pm 0.005)\,\mathrm{m} \\ &= (1\ 230\ 000\ \pm 5\ 000)\,\mu\mathrm{m}. \end{aligned} \tag{1.2}$$

为此,我们需要引入相对误差.

定义 1.2 用 x^* 作为量 $x\neq 0$ 的近似，称$\frac{x^*-x}{x}=e_r(x^*)$为近似值 x^* 的**相对误差**. 当 x^* 是 x 的较好近似时，也可以用如下公式计算相对误差：

$$e_r(x^*)=\frac{x^*-x}{x^*}. \tag{1.3}$$

显然，相对误差是一个无量纲量，它不随使用单位变化. 如式(1.2)中的量 s 的近似，无论使用何种单位，它的相对误差都是同一个值.

同样地，因为量 x 的真值未知，需要引入近似值 x^* 的相对误差限 $\varepsilon_r(x^*)$，它是相对误差绝对值的较小上界. 结合式(1.1)和(1.3)，x^* 的相对误差限可通过绝对误差限除以近似值的绝对值得到，即

$$\varepsilon_r(x^*)=\frac{\varepsilon(x^*)}{|x^*|}. \tag{1.4}$$

为给出近似数的一种表示法，使之既能表示其大小，又能体现其准确程度，需要引入有效数字和有效数的概念.

定义 1.3 设量 x 的近似值 x^* 有如下标准形式：

$$\begin{aligned} x^* &= \pm 10^m\times 0.a_1a_2\cdots a_n\cdots a_p \\ &= \pm(a_1\times 10^{m-1}+a_2\times 10^{m-2}+\cdots+a_n\times 10^{m-n}+\cdots+a_p\times 10^{m-p}), \end{aligned} \tag{1.5}$$

其中 $a_i(i=1,2,\cdots,p)\in\{0,1,\cdots,9\}$ 且 $a_1\neq 0$，m 为近似值 x^* 的量级. 若使不等式

$$|x^*-x|\leqslant\frac{1}{2}\times 10^{m-n} \tag{1.6}$$

成立的最大整数为 n，则称近似值 x^* 具有 n **位有效数字**，它们分别是 $a_1,a_2,\cdots,a_n$. 特别地，若有 $n=p$，即最后一位数字也是有效数字，则称 x^* 是**有效数**.

从定义可以看出，近似数 x^* 是有效数的充要条件是 x^* 的末位数字所在位置的单位一半是绝对误差限. 利用该定义也可以证明，对真值进行“四舍五入”得到的近似数是有效数. 对于有效数，有效数字的位数等于从第一位非零数字开始算起，该近似数具有的位数. 因而，不能给有效数的末位之后随意添加零，否则就改变了它的准确程度.

例 1.1 设量 $x=\pi$ 有近似值 $x_1^*=3.141$，$x_2^*=3.142$. 试问这两个近似值分别有几位有效数字，它们是有效数吗？

解 这两个近似值的量级 $m=1$. 由

$$|x_1^*-x|=0.000\ 59\cdots\leqslant 0.005=\frac{1}{2}\times 10^{-2}=\frac{1}{2}\times 10^{1-3},$$

$$|x_2^*-x|=0.000\ 4\cdots\leqslant 0.000\ 5=\frac{1}{2}\times 10^{-3}=\frac{1}{2}\times 10^{1-4}$$

知 x_1^* 有 3 位有效数字,但不是有效数.x_2^* 有 4 位有效数字,是有效数.

重点精讲

1.3 初值误差传播

二、误差的传播

这里仅介绍初值误差传播,即假设自变量值带有误差,函数值的计算过程不引入新的误差.对于函数 $y=f(x_1,x_2,\cdots,x_n)$ 有近似值 $y^*=f(x_1^*,x_2^*,\cdots,x_n^*)$,利用函数在点 $(x_1^*,x_2^*,\cdots,x_n^*)$ 处的 Taylor(泰勒)公式,可以得到

$$\begin{aligned} e(y^*)=y^*-y &\approx \sum_{i=1}^{n} f_i(x_1^*,x_2^*,\cdots,x_n^*)(x_i^*-x_i) \\ &= \sum_{i=1}^{n} f_i(x_1^*,x_2^*,\cdots,x_n^*)e(x_i^*), \end{aligned} \tag{1.7}$$

其中 $f_i=\dfrac{\partial f}{\partial x_i}$,$x_i^*$ 是 x_i 的近似值,$e(x_i^*)$ 是 x_i^* 的绝对误差($i=1,2,\cdots,n$).式(1.7)表明函数值的绝对误差近似等于自变量绝对误差的线性组合,组合系数为相应的偏导数值.

从式(1.7)也可以推得如下函数值的相对误差传播近似计算公式

$$e_r(y^*) \approx \sum_{i=1}^{n} f_i(x_1^*,x_2^*,\cdots,x_n^*)\frac{x_i^*}{y^*}e_r(x_i^*). \tag{1.8}$$

对于一元函数 $y=f(x)$,从式(1.7)和(1.8)可得到如下初值误差传播近似计算公式:

$$e(y^*) \approx f'(x^*)e(x^*), \tag{1.9}$$

$$e_r(y^*) \approx f'(x^*)\frac{x^*}{y^*}e_r(x^*). \tag{1.10}$$

式(1.9)表明,当导数值的绝对值很大时,即使自变量的绝对误差比较小,函数值的绝对误差也可能比较大.

例 1.2 试建立函数 $y=f(x_1,x_2,\cdots,x_n)=x_1+x_2+\cdots+x_n$ 的绝对误差、绝对误差限、相对误差传播近似公式,以及 $\{x_i^*\}_{i=1}^n$ 同号时的相对误差限传播近似公式.

解 由公式(1.7)和(1.8)可分别推得和的绝对误差、相对误差传播近似公式如下:

$$e(y^*) \approx \sum_{i=1}^{n} f_i(x_1^*,x_2^*,\cdots,x_n^*)e(x_i^*)=\sum_{i=1}^{n} e(x_i^*), \tag{1.11}$$

$$e_r(y^*) \approx \sum_{i=1}^{n} f_i(x_1^*,x_2^*,\cdots,x_n^*)\frac{x_i^*}{y^*}e_r(x_i^*)=\sum_{i=1}^{n}\frac{x_i^*}{y^*}e_r(x_i^*). \tag{1.12}$$

进而有

$$|e(y^*)| \approx \left|\sum_{i=1}^{n} e(x_i^*)\right| \leqslant \sum_{i=1}^{n} |e(x_i^*)| \leqslant \sum_{i=1}^{n} \varepsilon(x_i^*),$$

于是有和的绝对误差限传播近似公式

$$\varepsilon(y^*) \approx \sum_{i=1}^{n} \varepsilon(x_i^*).$$

当$\{x_i^*\}_{i=1}^n$同号时,由式(1.3)推得相对误差限传播近似公式

$$\varepsilon_r(y^*) \approx \frac{\sum_{i=1}^{n} \varepsilon(x_i^*)}{|y^*|} = \sum_{i=1}^{n} \left|\frac{x_i^*}{y^*}\right| \varepsilon_r(x_i^*) \leqslant \max_{1\leqslant i\leqslant n} \varepsilon_r(x_i^*) \sum_{i=1}^{n} \left|\frac{x_i^*}{y^*}\right|$$

$$= \max_{1\leqslant i\leqslant n} \varepsilon_r(x_i^*) \sum_{i=1}^{n} \frac{x_i^*}{y^*} = \max_{1\leqslant i\leqslant n} \varepsilon_r(x_i^*).$$

例 1.3 使用足够长且最小刻度为 1 mm 的直尺,量得某桌面长的近似值 $a^*=1\ 304.3$ mm,宽的近似值 $b^*=704.8$ mm(数据的最后一位均为估计值).试求桌面面积近似值的绝对误差限和相对误差限.

解 长和宽的近似值的最后一位都是估计值,直尺的最小刻度是毫米,故有误差限

$$\varepsilon(a^*)=0.5 \text{ mm}, \quad \varepsilon(b^*)=0.5 \text{ mm}.$$

面积 $S=ab$,由式(1.7)得到近似值 $S^*=a^*b^*$ 的绝对误差近似为

$$e(S^*) \approx b^*e(a^*)+a^*e(b^*),$$

进而有绝对误差限

$$\begin{aligned}\varepsilon(S^*) &\approx |b^*|\varepsilon(a^*) + |a^*|\varepsilon(b^*)\\ &= 704.8 \times 0.5 + 1\ 304.3 \times 0.5\\ &= 1\ 004.55(\text{mm}^2).\end{aligned}$$

相对误差限

$$\varepsilon_r(S^*) \approx \frac{\varepsilon(S^*)}{S^*} = \frac{1\ 004.55}{1\ 304.3 \times 704.8} \approx 0.001\ 1 = 0.11\%.$$

重点精讲

§ 1.3 数值实验与算法性能比较

1.4 算法性能比较

本节通过几个简单算例说明解决同一个问题可以有不同的算法,但算法的性能并不完全相同,它们各自有适用范围,进而指出算法设计时应该注意的事项.

例 1.4 对于表达式$\frac{1}{x}-\frac{1}{x+1}$和$\frac{1}{x(x+1)}$,在计算过程中保留 7 位有效数字,研究对不同的 x,两种计算公式的计算精度的差异.

注记 1 MATLAB 软件采用 IEEE 规定的双精度浮点系统,即 64 位浮点系统,其中尾数占 52 位,阶码占 10 位,尾数以及阶码的符号各占 1 位.机器数的相对误差限(机器精度)$\mathrm{eps}=2^{-52}\approx 2.220\ 446\times 10^{-16}$,能够表示的数的绝对值在区间$(2.225\ 073\ 9\times 10^{-308}, 1.797\ 693\times 10^{308})$内,该区间内的数能够近似表达,但有舍入误差,它能够保留至少 15 位有效数字.其原理可参阅参考文献[5, 6].

分析算法 1:$y_1(x)=\frac{1}{x}-\frac{1}{x+1}$和算法 2:$y_2(x)=\frac{1}{x(x+1)}$的误差时,精确解用双精度的计算结果代替.我们选取点集$\{\pi^i\}_{i=1}^{30}$中的点作为 x,比较两种方法的误差.

从图 1.1 可以看出,当 x 不是很大时,两种算法的精度相当,但当 x 很大时算法 2 的精度明显高于算法 1. 这是因为,当 x 很大时,$\frac{1}{x}$和$\frac{1}{x+1}$是相近数,用算法 1 进行计算时出现相近数相减,相同的有效数字相减后变成零,于是有效数字位数急剧减少,自然相对误差增大.这一事实也可以从误差传播公式(1.12)分析出.鉴于此,算法设计时,**应该避免相近数相减**.

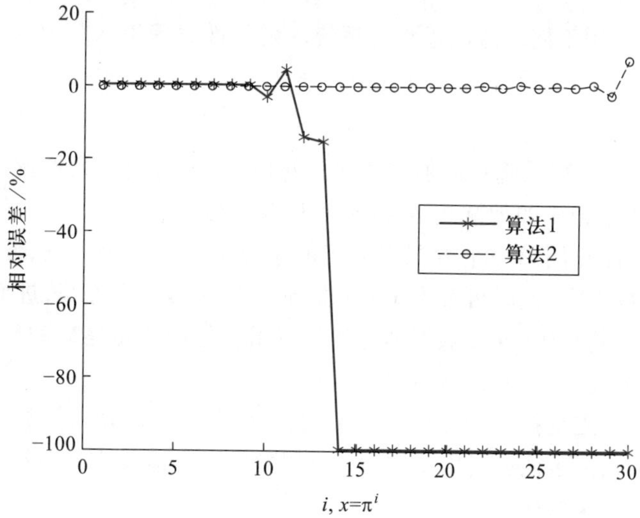

图 1.1 例 1.4 中两种算法的相对误差图($x\to+\infty$)

在图 1.2 中我们给出了当 x 接近-1 时，两种算法的精度比较，其中变量 x 依次取为$\{\pi^{-i}-1\}_{i=1}^{30}$.从图中可以看出两种方法的相对误差量级基本上都为 10^{-5}，因而二者的精度相当.

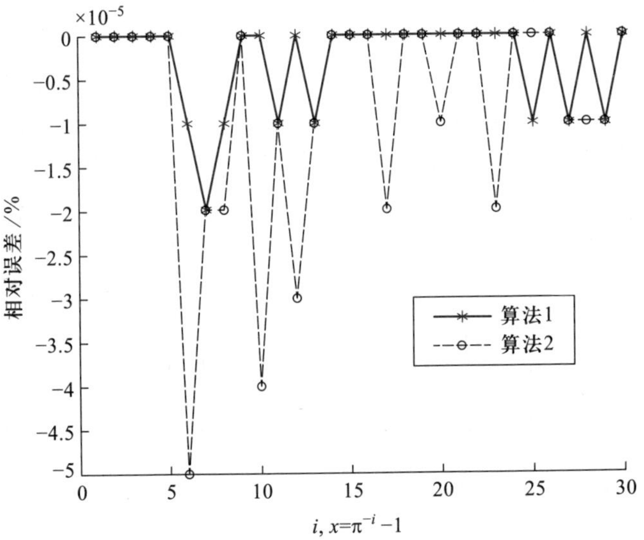

图 1.2　例 1.4 中两种算法的相对误差图($x\to-1$)

例 1.5　试用不同位数的浮点数系统求解线性方程组

$$\begin{cases} 0.000\ 01x_1 + 2x_2 = 1, \\ \qquad\quad 2x_1 + 3x_2 = 2. \end{cases}$$

注记 2　浮点数系统中的加减法在运算时，首先将两个数按较大的阶对齐，其次对尾数实施相应的加减法运算，最后规范化后存贮.

算法 1　首先用第一个方程乘适当的系数加至第二个方程，使得第二个方程的 x_1 的系数为零，这时可解出 x_2；其次将 x_2 代入第一个方程，进而求得 x_1(在第三章中称该方法为 Gauss 顺序消元法).当用 4 位和 7 位尾数的浮点运算实现该算法时，分别记之为算法 1a 和算法 1b.

算法 2　首先交换两个方程的位置，其次按算法 1 计算未知数(第三章中称其为 Gauss 主元消去法).当用 4 位和 7 位尾数的浮点运算实现该算法时，分别记之为算法 2a 和算法 2b.

方程组的精确解为 $x_1=0.250\ 001\ 87\cdots$，$x_2=0.499\ 998\ 74\cdots$，用不同的算法计算出的结果见表 1.1.

表 1.1 对例 1.5 用不同算法的计算结果比较

例 1.5	x_1^*	$\varepsilon_r(x_1^*)$	x_2^*	$\varepsilon_r(x_2^*)$
算法 1a	0.000 0	0.10×10^{1}	0.500 0	0.25×10^{-7}
算法 2a	0.250 0	0.75×10^{-7}	0.500 0	0.25×10^{-7}
算法 1b	0.260 000 0	0.40×10^{-1}	0.499 998 7	0.10×10^{-6}
算法 2b	0.250 002 0	0.50×10^{-8}	0.500 000 0	0.25×10^{-7}

表 1.1 中的数据表明，当用 4 位尾数计算时，算法 1 给出错误的结果，算法 2 则给出解很好的近似.这是因为在实现算法 1 时，需要用第一个方程乘$\frac{-2}{0.000\ 01}$加至第二个方程，从而消去第二个方程中 x_1 的系数，但在计算 x_2 的系数时需作如下运算：

$$\begin{aligned}\frac{-2}{0.000\ 01}\times 2+3&=-0.4\times10^{6}+0.3\times10^{1}\\&=-0.4\times10^{6}+0.000\ 003\times10^{6}.\end{aligned}\qquad(1.13)$$

对上式用 4 位尾数进行计算，其结果为-0.4×10^6.因为舍入误差，给相对较大的数加以相对较小的数时，出现大数“吃掉”小数的现象.计算右端项时，需作如下运算：

$$\begin{aligned}\frac{-2}{0.000\ 01}\times 1+2&=-0.2\times10^{6}+0.2\times10^{1}\\&=-0.2\times10^{6}+0.000\ 002\times10^{6}.\end{aligned}\qquad(1.14)$$

同样出现了大数吃小数现象，其结果为-0.2×10^6.这样，得到的变形方程组

$$\begin{cases}0.1\times10^{4}x_1+0.2\times10^{1}x_2=0.1\times10^{1},\\ \qquad\qquad -0.4\times10^{6}x_2=-0.2\times10^{6}\end{cases}$$

中没有反映原方程组中第二个方程的信息，因而其解远偏离于原方程组的解.该算法中出现较大数的原因是运算$\frac{-2}{0.000\ 01}$，因而算法设计中**尽可能避免用绝对值较大的数除以绝对值较小的数**.其实当分子的量级远远大于分母的量级时，除法运算还会导致溢出，计算机终止运行.

虽然从单纯的一步计算来看，大数吃小数，只是精度有所损失，但多次的大数吃小数，累计起来可能带来巨大的误差，甚至导致错误.例如在算法 1a 中出现了两次大数吃小数现象，带来严重的后果.因而**尽可能避免大数吃小数**现象的出现在算法设计中非常重要.

当用较多的尾数位数进行计算时，舍入误差减小，算法 1 和算法 2 的结果都

有所改善，算法 2 的改善幅度更大些.

例 1.6 计算积分 $I_n=\int_0^1\frac{x^n}{x+5}\mathrm{d}x$，有递推公式 $I_n=\frac{1}{n}-5I_{n-1}(n=1,2,\cdots)$，已知 $I_0=\ln\frac{6}{5}$.采用 IEEE 双精度浮点数，分别用如下两种算法计算 I_{30}的近似值.

算法 1 取 I_0 的近似值为 $I_0^*=0.182\ 321\ 556\ 793\ 95$，按递推公式 $I_n^*=\frac{1}{n}-5I_{n-1}^*$计算 I_{30}^*.

算法 2 因为 $\frac{1}{6\times(39+1)}=\int_0^1\frac{x^{39}}{6}\mathrm{d}x<I_{39}<\int_0^1\frac{x^{39}}{5}\mathrm{d}x=\frac{1}{5\times(39+1)}$，取 I_{39} 的近似值为 $I_{39}^*=\frac{1}{2}\left(\frac{1}{240}+\frac{1}{200}\right)\approx0.004\ 583\ 333\ 333\ 33$，按递推公式 $I_{n-1}^*=\frac{1}{5}\left(\frac{1}{n}-I_n^*\right)$ 计算 I_{30}^*.

算法 1 和算法 2 的计算结果见表 1.2.

表 1.2 例 1.6 的计算结果

算法 1			算法 2		
n	I_n^*	$\lvert I_n^*-I_n\rvert$	n	I_n^*	$\lvert I_n^*-I_n\rvert$
1	8.839 2E−002	1.942 9E−016	39	4.583 3E−003	3.995 9E−004
2	5.803 9E−002	9.853 2E−016	38	4.211 5E−003	7.991 9E−005
3	4.313 9E−002	4.919 7E−015	37	4.420 9E−003	1.598 4E−005
4	3.430 6E−002	2.460 5E−014	36	4.521 2E−003	3.196 7E−006
5	2.846 8E−002	1.230 4E−013	35	4.651 3E−003	6.393 5E−007
6	2.432 5E−002	6.152 0E−013	34	4.784 0E−003	1.278 7E−007
⋮	⋮	⋮	33	4.925 5E−003	2.557 4E−008
25	1.174 0E+001	1.173 4E+001	32	5.075 5E−003	5.114 8E−009
26	−5.866 4E+001	5.867 0E+001	31	5.234 9E−003	1.023 0E−009
27	2.933 6E+002	2.933 5E+002	30	5.404 6E−003	2.045 9E−010
28	−1.466 7E+003	1.466 8E+003			
29	7.333 8E+003	7.333 8E+003			
30	−3.666 9E+004	3.666 9E+004			

注：表中 $8.8392E-002=8.8392\times10^{-2}$，余同.

从表 1.2 中的计算结果可以看出，算法 1 随着计算过程的推进，绝对误差几乎不断地以 5 的倍数增长，即有

$$|I_n^* - I_n| \approx 5|I_{n-1}^* - I_{n-1}| \approx 5^2|I_{n-2}^* - I_{n-2}| \approx \cdots \approx 5^n|I_0^* - I_0|$$

成立. 对于逐步向前推进的算法，若随着过程的进行，相对误差在不断增长，导致产生不可靠的结果，这种算法称为**数值不稳定的算法**. 对于算法 1，绝对误差按 5 的幂次增长，但真值的绝对值却在不断变小且小于 1，相对误差增长的速度快于 5 的幂次，导致产生错误的结果，因而算法 1 是数值不稳定的算法，不能使用. 而算法 2 随着计算过程的推进，绝对误差几乎不断地缩小为上一步的 1/5，即有

$$|I_n^* - I_n| \approx |I_{n+1}^* - I_{n+1}|/5 \approx |I_{n+2}^* - I_{n+2}|/5^2 \approx \cdots \approx |I_{n+m}^* - I_{n+m}|/5^m$$

成立. 绝对误差不断变小，真值的绝对值随着过程向前推进却在变大，这样相对误差也越来越小，这样的方法是数值稳定的算法. 算法 1 和算法 2 的误差绝对值的对数示意图见图 1.3. 这个算例告诉我们应该**选用数值稳定的算法**.

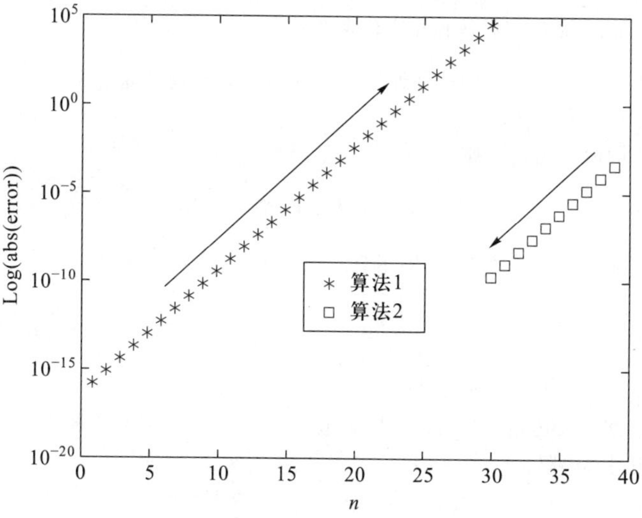

图 1.3　例 1.6 用不同算法计算结果的误差绝对值的对数图

知识结构图

- 误差与算法
  - 误差
    - 误差的产生
      - 舍入误差
      - 截断误差
    - 度量
      - 绝对误差(限)
      - 相对误差(限)
      - 有效数字
    - 传播
      - 一元函数
      - 多元函数
  - 算法
    - 数值方法的收敛性
    - 数值方法的稳定性
    - 算法设计要点

习题一

1. 已知有效数 $x_1^*=-3.105$，$x_2^*=0.125\times10^4$，$x_3^*=0.010$，试给出各个近似值的绝对误差限和相对误差限，并指出它们各有几位有效数字.

2. 证明当近似值 x^* 是 x 的较好近似时，计算相对误差的计算公式 $\frac{x^*-x}{x}$ 和 $\frac{x^*-x}{x^*}$ 相差一个与 $\left(\frac{x^*-x}{x}\right)^2$ 同阶的无穷小量.

3. 设 x 的近似值 x^* 具有如式(1.5)的表示形式，试证明

(1) 若 x^* 具有 n 位有效数字，则相对误差 $|e_r(x^*)|\leqslant\frac{1}{2a_1}\times10^{1-n}$；

(2) 若相对误差 $|e_r(x^*)|\leqslant\frac{1}{2(a_1+1)}\times10^{1-n}$，则 x^* 至少具有 n 位有效数字.

4. 试建立二元算术运算的绝对误差限传播近似计算公式.

5. 试建立如下表达式的相对误差限近似传播公式，并针对第 1 题中的数据估计下列各近似值的相对误差限：

(1) $y_1^*=x_1^*+x_2^*x_3^*$；　(2) $y_2^*=\sqrt[3]{x_2^*}$；　(3) $y_3^*=\frac{x_2^*}{x_3^*}$.

6. 若例 1.3 中使用的直尺长度是 80 mm，最小刻度为 1 mm，量得某桌面长的近似值 $a^*=1\ 304.3$ mm，宽的近似值 $b^*=704.8$ mm. 试估计桌面长度、宽度的绝对误差限，并估计用该近似数据计算出的桌面面积的绝对误差限和相对误差限.

7. 改变如下计算公式，使其计算结果更为精确.

(1) $\frac{1-\cos x}{x}$，　$x\neq0$ 且 $|x|\ll1$；

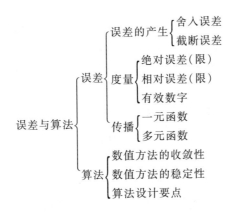

(2) $\int_{N}^{N+1}\ln x\mathrm{d}x=(N+1)\ln(N+1)-N\ln N-1,\quad N\gg 1$；

(3) $\sqrt[3]{x+1}-\sqrt[3]{x},\quad x\gg 1$.

8. (数值实验)试通过分析和数值实验两种手段，比较如下三种计算 e^{-1} 近似值算法的可靠性.

算法 1：$\mathrm{e}^{-1}\approx\sum\limits_{n=0}^{m}\dfrac{(-1)^n}{n!}$；

算法 2：$\mathrm{e}^{-1}\approx\left(\sum\limits_{n=0}^{m}\dfrac{1}{n!}\right)^{-1}$；

算法 3：$\mathrm{e}^{-1}\approx\left[\sum\limits_{n=0}^{m}\dfrac{1}{(m-n)!}\right]^{-1}$.

9. (数值实验)设某应用问题归结为如下递推计算公式：

$$y_0=28.72,\quad y_n=y_{n-1}-5\sqrt{2},\quad n=1,2,\cdots,$$

在计算时 $\sqrt{2}$ 取为具有 5 位有效数字的有效数 c^*. 试分析近似计算公式 $y_n^*=y_{n-1}^*-5c^*$ 的绝对误差及相对误差传播情况，并通过数值实验验证（准确值可以用 IEEE 双精度浮点运算结果代替）该算法可靠可用吗？

第二章 非线性方程数值解法

在科学计算中常需要求解非线性方程

$$f(x)=0, \tag{2.1}$$

即求函数 $y=f(x)$ 的零点.非线性方程求解没有通用的解析方法,常采用数值求解算法.数值解法的基本思想是从给定的一个或几个初始近似值出发,按某种规律产生一个收敛的迭代序列 $\{x_k\}_{k=0}^{+\infty}$,使它逐步逼近于方程(2.1)的某个解.本章介绍非线性方程实根的数值求解算法:二分法、简单迭代法、Newton(牛顿)迭代法及其变形,并讨论它们的收敛性、收敛速度等.

§ 2.1 引言

定义 2.1 设非线性方程(2.1)中的函数 $f(x)$ 连续.如果有 x^* 使 $f(x^*)=0$,那么称 x^* 为方程(2.1)的**根**,或称为函数 $f(x)$ 的**零点**;如果有 $f(x)=(x-x^*)^m\cdot g(x)$,且 $g(x)$ 在 x^* 的邻域内连续,$g(x^*)\neq 0$,m 为正整数,那么称 x^* 为方程(2.1)的 $\boldsymbol{m}$ **重根**.当 $m=1$ 时,称 x^* 为方程的**单根**.

非线性方程根的数值求解过程包含以下两步:

(1) 用某种方法确定有根区间.称仅存在一个实根的有根区间为非线性方程的**隔根区间**,在有根区间或隔根区间上选取根的初始近似值;

(2) 选用某种数值方法逐步提高根的精度,使之满足给定的精度要求.

对于第(1)步,有时可以从问题的物理背景或其他信息判断出根所在的大体位置，特别是对于连续函数 $f(x)$，也可以从一些点的函数值符号确定出隔根区间.

当函数 $f(x)$ 连续时，区间搜索法是一种有效的确定较小隔根区间的方法，其具体做法如下：

设 $[a,b]$ 是方程(2.1)的一个较大隔根区间，选择合适的步长 $h=(b-a)/n$，$x_k=a+kh(k=0,1,\cdots,n)$. 由左向右逐个计算 $f(x_k)$，如果有 $f(x_k)f(x_{k+1})\leqslant 0$，那么区间 $[x_k,x_{k+1}]$ 就可能是方程的一个较小的隔根区间.

一般情况下，只要步长 h 足够小，就能把方程的更小的隔根区间分离出来. 如果隔根区间足够小，如区间长度小于给定的精度要求，那么区间内任意一点可视为方程(2.1)的根的一个近似.

例 2.1 确定出方程 $f(x)=x^3-3x^2+4x-3=0$ 的一个隔根区间.

解 由 $f'(x)=3x^2-6x+4=3(x-1)^2+1>0$ 知 $f(x)$ 为 $(-\infty,\infty)$ 上的单调递增函数，进而 $f(x)$ 在 $(-\infty,\infty)$ 内最多只有一个实根. 经计算知 $f(0)<0$，$f(2)>0$，所以 $f(x)=0$ 在区间 $[0,2]$ 内有唯一实根.

如果希望将隔根区间再缩小，可以取步长 $h=0.5$，在点 $x=0.5$，$x=1$，$x=1.5$ 计算出函数值的符号，最后可知方程在区间 $[1.5,2]$ 内有一个实根.

重点精讲

§ 2.2 二分法

2.1 二分法

二分法是求非线性方程实根近似值的最简单的方法. 其基本思想是将隔根区间分半，通过判别函数值的符号，逐步缩小隔根区间，直到充分逼近方程的根，从而得到满足一定精度要求的根的近似值.

设 $f(x)$ 在区间 $[a,b]$ 上连续，$f(a)f(b)<0$，且方程(2.1)在区间 (a,b) 内有唯一实根 x^*. 记 $a_1=a, b_1=b$，中点 $x_1=(a_1+b_1)/2$ 将区间 $[a_1,b_1]$ 分为两个小区间 $[a_1,x_1]$ 和 $[x_1,b_1]$，计算函数值 $f(x_1)$，根据如下三种情况确定新的隔根区间：

(1) 如果 $f(x_1)=0$，那么 x_1 是所要求的根；

(2) 如果 $f(a_1)f(x_1)<0$，取新的隔根区间 $[a_2,b_2]=[a_1,x_1]$；

(3) 如果 $f(x_1)f(b_1)<0$，取新的隔根区间 $[a_2,b_2]=[x_1,b_1]$.

新隔根区间 $[a_2,b_2]$ 的长度为原隔根区间 $[a_1,b_1]$ 长度的一半. 对隔根区间 $[a_2,b_2]$ 施以同样的过程，即用中点 $x_2=(a_2+b_2)/2$ 将区间 $[a_2,b_2]$ 再分为两半，选取新的隔根区间，并记为 $[a_3,b_3]$，其长度为 $[a_2,b_2]$ 的一半(如图2.1所示).

重复上述过程，得到如下嵌套的区间序列

$$[a,b]=[a_1,b_1]\supset[a_2,b_2]\supset\cdots\supset[a_k,b_k]\supset\cdots,$$

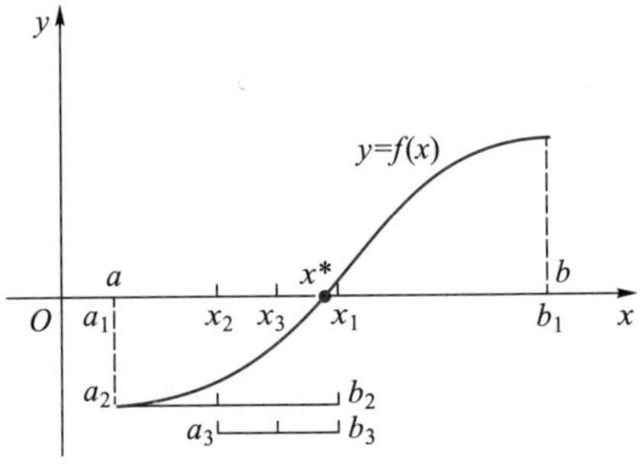

图 2.1　二分法示意图

其中每个区间的长度都是前一个区间长度的一半，因此$[a_k,b_k]$的长度为

$$b_k-a_k=\frac{1}{2^{k-1}}(b-a).$$

由 $x^*\in[a_k,b_k]$和 $x_k=(a_k+b_k)/2$，得

$$|x_k-x^*|\leqslant\frac{1}{2}(b_k-a_k)=\frac{1}{2^k}(b-a).$$

当 $k\to+\infty$ 时，显然有 $x_k\to x^*$. 总结得到如下定理.

定理 2.1　设$f(x)$在隔根区间$[a,b]$上连续，且$f(a)f(b)<0$，则由二分法产生的序列$\{x_k\}_{k=0}^{+\infty}$收敛于方程(2.1)在$[a,b]$上的根 x^*，并且有误差估计

$$|x_k-x^*|\leqslant\frac{1}{2^k}(b-a)\quad(k=1,2,\cdots).\tag{2.2}$$

设预先给定根 x^* 的绝对误差限为 ε，要求 $|x_k-x^*|\leqslant\varepsilon$，只要$\frac{1}{2^k}(b-a)\leqslant\varepsilon$成立，这样求得对分次数

$$k\geqslant\frac{\ln(b-a)-\ln\varepsilon}{\ln 2}.\tag{2.3}$$

取 k 为大于$[\ln(b-a)-\ln\varepsilon]/\ln 2$ 的最小整数，此时 x_k 是方程(2.1)的满足精度要求的根的近似值.

注记　由于舍入误差和截断误差存在，利用浮点运算不可能精确计算函数值，二分法中的判断条件 $f(x_k)=0$ 几乎不可能满足，因而应该换为判断条件 $|f(x_k)|<\varepsilon_0$，其中 ε_0 为根近似值的函数值允许误差限.

总结以上内容，给出如下算法：

算法 2.1　二分法

输入：端点 a,b；根的误差限 ε.

输出：近似解 c.

Step 1：用公式(2.3)计算最大迭代次数 k；

Step 2：对 $n=1,\cdots,k$ 循环执行 Step 3~4；

Step 3：$c=(a+b)/2$，计算 $f(c)$；

Step 4：若 $f(c)f(b)<0$，则 $a=c$，否则 $b=c$.

例 2.2 用二分法求 $f(x)=x^3+4x^2-10=0$ 在$[1,2]$上的根 x^* 的近似值，要求 $|x_k-x^*|<\frac{1}{2}\times10^{-3}$.

解 由于在区间$[1,2]$上，$f(1)=-5$，$f(2)=14$，$f'(x)=3x^2+8x=x(3x+8)>0$，故 $f(x)=0$ 在$[1,2]$上有唯一实根 x^*.确定循环次数为 $k=11$，利用二分法计算结果见表 2.1.

表 2.1 二分法的计算结果

k	隔根区间$[a_k,b_k]$	x_k
1	[1.0,2.0]	1.5
2	[1.0,1.5]	1.25
3	[1.25,1.5]	1.375
4	[1.25,1.375]	1.312 5
5	[1.312 5,1.375]	1.343 75
6	[1.343 75,1.375]	1.359 375
7	[1.359 375,1.375]	1.367 187 5
8	[1.359 375,1.367 187 5]	1.363 281 3
9	[1.363 281 3,1.367 187 5]	1.365 234 4
10	[1.363 281 3,1.365 234 4]	1.364 257 8
11	[1.364 257 8,1.365 234 4]	1.364 746 1

二分法具有如下特点：

(1) 优点：计算简单，对函数 $f(x)$ 的光滑性要求不高，只要它连续即可保证算法收敛；

(2) 缺点：只能求单实根和奇数重实根，收敛较慢，收敛速度与以 $\frac{1}{2}$ 为公比的等比级数相同.

一般在求方程根近似值时不单独使用二分法，而常借助它为其他数值方法提供初值.

§ 2.3 简单迭代法

简单迭代法是求解非线性方程根的近似值的一类重要数值方法.本节将介绍简单迭代法的基本思想、收敛条件、收敛速度以及相应的加速算法.

一、简单迭代法的基本思想

简单迭代法采用逐步逼近的过程建立非线性方程根的近似值.首先给出方程根的初始近似值,然后用所构造出的迭代公式反复校正上一步的近似值,直到满足预先给出的精度要求为止.

在给定的隔根区间$[a,b]$上,将方程(2.1)等价变形为

$$x=\varphi(x), \tag{2.4}$$

在$[a,b]$上选取x_0作为初始近似值,用如下迭代公式:

$$x_{k+1}=\varphi(x_k) \quad (k=0,1,2,\cdots) \tag{2.5}$$

建立序列$\{x_k\}_{k=0}^{+\infty}$.如果有$\lim\limits_{k\to+\infty}x_k=x^*$,并且迭代函数$\varphi(x)$在$x^*$的邻域内连续,对式(2.5)两边取极限,得

$$x^*=\varphi(x^*),$$

因而x^*是(2.4)的根,从而也是(2.1)的根.称$\varphi(x)$为迭代函数,所得序列$\{x_k\}_{k=0}^{+\infty}$为迭代序列.将这种求方程根近似值的方法称为**简单迭代法**,简称**迭代法**.

例 2.3 试用方程$f(x)=x^3-x-1=0$建立不同的迭代公式,并试求其在1.5附近根的近似值.

解 利用方程的等价变形建立如下四种迭代公式:

(1) $x_{k+1}=\sqrt[3]{1+x_k}$;

(2) $x_{k+1}=x_k^3-1$;

(3) $x_{k+1}=\sqrt{1+\dfrac{1}{x_k}}$;

(4) $x_{k+1}=\dfrac{x_k^3+x_k-1}{2}$.

取初值$x_0=1.5$,迭代计算,结果见表2.2.

表 2.2　迭代法的计算结果

k	公式(1)	公式(2)	公式(3)	公式(4)
0	1.5	1.5	1.5	1.5
1	1.357 21	2.375	1.290 99	1.937 5
2	1.330 86	12.396 5	1.332 14	4.105 35
3	1.325 88	1 904.01	1.323 13	36.148 2
4	1.324 93	$6.902\ 44\times10^{9}$	1.325 06	23 634.7
5	1.324 76	$3.288\ 57\times10^{29}$	1.324 64	$6.601\ 24\times10^{12}$
6	1.324 72	$3.556\ 51\times10^{88}$	1.324 73	$1.438\ 29\times10^{38}$
7	1.324 71	$4.498\ 56\times10^{265}$	1.324 71	$1.487\ 7\times10^{114}$
8	1.324 71	$+\infty$	1.324 71	$+\infty$

例 2.3 表明，非线性方程的不同等价形式对应不同的迭代过程，从某一初值出发，有的迭代收敛，有的迭代不收敛.那么迭代函数 $\varphi(x)$ 满足什么条件时才能保证迭代序列收敛？迭代序列 $\{x_k\}_{k=0}^{+\infty}$ 的误差如何估计？怎样才能建立收敛速度快的迭代公式？

重点精讲

2.2 迭代法收敛定理

定理 2.2　若函数 $\varphi(x)$ 在区间 $[a,b]$ 上具有一阶连续导函数，且满足条件

① 对任意 $x\in[a,b]$，有 $\varphi(x)\in[a,b]$；

② 存在常数 L：$0<L<1$，使得对任意 $x\in[a,b]$ 有 $|\varphi'(x)|\leqslant L$ 成立，

则

(1) 方程 $x=\varphi(x)$ 在 $[a,b]$ 上有唯一实根 x^*；

(2) 对任意 $x_0\in[a,b]$，迭代公式(2.5)收敛，且 $\lim\limits_{k\to+\infty}x_k=x^*$；

(3) 迭代公式(2.5)有误差估计

$$|x_k-x^*|\leqslant\frac{L}{1-L}|x_k-x_{k-1}|,\tag{2.6}$$

$$|x_k-x^*|\leqslant\frac{L^k}{1-L}|x_1-x_0|;\tag{2.7}$$

(4) $$\lim_{k\to+\infty}\frac{x_{k+1}-x^*}{x_k-x^*}=\varphi'(x^*).\tag{2.8}$$

证明　(1) 构造函数 $g(x)=x-\varphi(x)$，由条件① 知 $g(a)=a-\varphi(a)\leqslant0$，$g(b)=b-\varphi(b)\geqslant0$，因此 $g(x)=0$ 在 $[a,b]$ 上至少存在一个实根，又由条件②知当 $x\in[a,b]$ 时，$g'(x)=1-\varphi'(x)\geqslant1-L>0$，所以 $g(x)=0$ 在 $[a,b]$ 内存在唯一实根，即 $x=\varphi(x)$ 在 $[a,b]$ 内存在唯一实根，记为 x^*.

(2) 由 $x_0 \in [a,b]$ 及条件①知 $x_k \in [a,b]\ (k=1,2,\cdots)$，并且有 $x_{k+1}=\varphi(x_k)$，$x^*=\varphi(x^*)$，二者作差，并由微分中值定理得

$$x_{k+1}-x^*=\varphi(x_k)-\varphi(x^*)=\varphi'(\xi_k)(x_k-x^*) \quad (k=1,2,\cdots), \tag{2.9}$$

其中 ξ_k 介于 x_k 与 x^* 之间.结合条件②，得

$$|x_{k+1}-x^*| \leqslant L|x_k-x^*| \quad (k=1,2,\cdots). \tag{2.10}$$

反复递推，有

$$0 \leqslant |x_{k+1}-x^*| \leqslant L|x_k-x^*| \leqslant L^2|x_{k-1}-x^*| \leqslant \cdots$$
$$\leqslant L^{k+1}|x_0-x^*| \quad (k=1,2,\cdots).$$

因 $0<L<1$，故 $\lim\limits_{k\to+\infty} x_k=x^*$.

(3) 由式(2.10)得

$$|x_k-x^*|=|x_k-x_{k+1}+x_{k+1}-x^*| \leqslant |x_k-x_{k+1}|+|x_{k+1}-x^*|$$
$$\leqslant |x_{k+1}-x_k|+L|x_k-x^*|,$$

从而

$$|x_k-x^*| \leqslant \frac{1}{1-L}|x_{k+1}-x_k|. \tag{2.11}$$

又由于

$$|x_{k+1}-x_k|=|\varphi(x_k)-\varphi(x_{k-1})|=|\varphi'(\eta_k)(x_k-x_{k-1})|$$
$$\leqslant L|x_k-x_{k-1}| \quad (k=1,2,\cdots), \tag{2.12}$$

其中 η_k 介于 x_k 和 x_{k-1} 之间.综合式(2.11)及式(2.12)得误差估计

$$|x_k-x^*| \leqslant \frac{L}{1-L}|x_k-x_{k-1}|.$$

由式(2.12)反复递推，得

$$|x_k-x_{k-1}| \leqslant L|x_{k-1}-x_{k-2}| \leqslant \cdots \leqslant L^{k-1}|x_1-x_0|,$$

并代入式(2.6)得误差估计(2.7).

(4) 由式(2.9)得

$$\frac{x_{k+1}-x^*}{x_k-x^*}=\varphi'(\xi_k),$$

两端取极限，并注意到 $\varphi'(x)$ 的连续性和 $\lim\limits_{k\to+\infty}\xi_k=x^*$（$\xi_k$ 介于 x^* 与 x_k 之间），得

$$\lim_{k\to+\infty}\frac{x_{k+1}-x^*}{x_k-x^*}=\varphi'(x^*).$$

误差估计(2.6)称为**后验误差估计**，误差估计(2.7)称为**先验误差估计**.定理 2.2 的条件成立时，对任意 $x_0 \in [a,b]$，迭代序列均收敛，故称定理 2.2 为全局收

敛性定理.下面讨论 x^* 邻近的收敛性,即局部收敛性.

定理 2.3 设存在方程 $x=\varphi(x)$ 根 x^* 的闭邻域 $U(x^*,\delta)=[x^*-\delta,x^*+\delta](\delta>0)$ 以及小于 1 的正数 L,使得 $\varphi'(x)$ 连续且 $|\varphi'(x)|\leqslant L<1$,则对任意 $x_0\in U(x^*,\delta)$,迭代公式(2.5)收敛.

证明 由 $\varphi'(x)$ 在 $U(x^*,\delta)$ 内连续,且有 $|\varphi'(x)|\leqslant L<1$,则对任意 $x\in U(x^*,\delta)$,有

$$|\varphi(x)-x^*|=|\varphi(x)-\varphi(x^*)|=|\varphi'(\eta)||x-x^*|\leqslant L\delta<\delta,$$

于是 $\varphi(x)\in U(x^*,\delta)$,由定理 2.2 知迭代过程 $x_{k+1}=\varphi(x_k)$ 对任意初值 $x_0\in U(x^*,\delta)$ 均收敛.

二、迭代法的收敛阶

为刻画迭代法收敛速度的快慢,引进收敛序列的收敛阶概念.

定义 2.2 设迭代序列 $\{x_k\}_{k=0}^{+\infty}$ 收敛到 x^*,记 $e_k=x_k-x^*$,如果存在常数 $c>0$ 和实数 $p\geqslant1$,使得

$$\lim_{k\to+\infty}\frac{|e_{k+1}|}{|e_k|^p}=c, \tag{2.13}$$

那么称序列 $\{x_k\}_{k=0}^{+\infty}$ 是 p **阶收敛**的.当 $p=1$ 时,称 $\{x_k\}_{k=0}^{+\infty}$ 为**线性收敛**的,此时必然有 $0<c<1$;当 $p>1$ 时,被 $\{x_k\}_{k=0}^{+\infty}$ 为**超线性收敛**的.p 越大,序列 $\{x_k\}_{k=0}^{+\infty}$ 收敛到 x^* 越快.c 称为渐进常数,两个算法收敛阶相同时,c 越小,收敛越快.所以迭代法的收敛阶是对迭代法收敛速度的一种度量.

由定理 2.2 的(4)知,当 $\varphi'(x^*)\neq0$ 时简单迭代法线性收敛,渐进常数 $c=|\varphi'(x^*)|$.

算法 2.2 简单迭代法

输入:初始值 x_0,根的误差限 ε.

输出:近似解 x_1.

Step 1:$x_1=\varphi(x_0)$;

Step 2:若 $|x_1-x_0|<\varepsilon$,则输出 x_1,结束;否则 $x_0=x_1$,转 Step 1.

例 2.4 用简单迭代法建立求方程 $f(x)=2x-\lg x-7=0$ 最大实根的迭代公式,讨论其收敛性并求近似值,要求 $|x_{k+1}-x_k|\leqslant\frac{1}{2}\times10^{-3}$.

解 (1) 确定隔根区间.方程等价形式为

$$2x-7=\lg x,$$

作函数 $y=2x-7$ 和 $y=\lg x$ 的图形,如图 2.2 所示,知方程的最大实根在区间[3,4]内.

(2) 建立迭代公式,判别收敛性.将方程等价变形为

$$x=\frac{1}{2}(\lg x+7),$$

迭代函数 $\varphi(x)=\frac{1}{2}(\lg x+7)$,迭代公式 $x_{k+1}=\frac{1}{2}(\lg x_k+7)$.

由 $\varphi'(x)=\frac{1}{2\ln 10}\cdot\frac{1}{x}>0, x\in[3,4]$,知 $\varphi(x)$ 在区间 $[3,4]$ 内单调且仅有一实根.又 $\varphi(3)\approx 3.74, \varphi(4)\approx 3.80$,所以,当 $x\in[3,4]$ 时,$\varphi(x)\in[3,4]$.

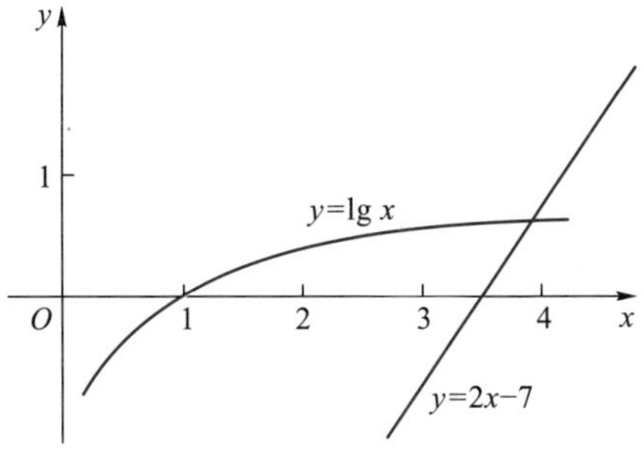

图 2.2　函数 $y=2x-7$ 和 $y=\lg x$ 的图形

因为 $L=\max\limits_{3\leqslant x\leqslant 4}|\varphi'(x)|=\varphi'(3)\approx 0.07$,所以对于一切 $x\in[3,4]$ 有

$$|\varphi'(x)|\leqslant\varphi'(3)\approx 0.07<1.$$

由定理 2.2 知,迭代法收敛.

(3) 迭代计算.取 $x_0=4.0$,有

$$x_1=3.801\ 030,\quad x_2=3.789\ 951,\quad x_3=3.789\ 317,\quad x_4=3.789\ 280.$$

因为 $|x_4-x_3|\leqslant\frac{1}{2}\times 10^{-3}$,所以方程的最大根 $x^*\approx x_4=3.789\ 280$.

三、迭代法的加速

重点精讲

2.3 迭代法的加速

对于收敛的迭代序列,理论上迭代次数足够多时,就可以使计算结果满足任意给定的精度要求.但在应用中,有的迭代过程收敛极为缓慢,计算量很大,因此研究迭代公式的加速方法非常必要.

1. 线性收敛序列的 Aitken 加速法

设 $\{x_k\}_{k=0}^{+\infty}$ 是一个线性收敛的序列,极限为 x^*.即有小于 1 的正数 c 使得

$$\lim_{k\to+\infty}\frac{|x_{k+1}-x^*|}{|x_k-x^*|}=c.$$

由于它线性收敛,误差减少的速度较慢,值得采用加速技术.下面介绍 Aitken(艾特肯)加速法.

对充分大的 k,有

$$\frac{x_{k+1}-x^*}{x_k-x^*}\approx c,\qquad \frac{x_{k+2}-x^*}{x_{k+1}-x^*}\approx c.$$

由上面两式得

$$\frac{x_{k+1}-x^*}{x_k-x^*}\approx\frac{x_{k+2}-x^*}{x_{k+1}-x^*},$$

解得

$$x^*\approx\frac{x_kx_{k+2}-x_{k+1}^2}{x_{k+2}-2x_{k+1}+x_k}=x_k-\frac{(x_{k+1}-x_k)^2}{x_{k+2}-2x_{k+1}+x_k}.$$

利用上式右端的值可定义另一序列 $\{y_k\}_{k=0}^{+\infty}$,即得 Aitken 加速公式

$$y_k=x_k-\frac{(x_{k+1}-x_k)^2}{x_{k+2}-2x_{k+1}+x_k}.\tag{2.14}$$

它仍然收敛到 x^*,但收敛速度更快.证明请参考文献[19].

2. Steffensen 迭代法

Aitken 加速法是对任意线性收敛序列 $\{x_k\}_{k=0}^{+\infty}$ 构建的,并不限定 $\{x_k\}_{k=0}^{+\infty}$ 如何获得.将 Aitken 加速法用于简单迭代法产生的迭代序列时,得到著名的 Steffensen(斯蒂芬森)迭代法,具体迭代公式如下:

$$\begin{cases}s=\varphi(x_k),\\ t=\varphi(s),\\ x_{k+1}=x_k-\dfrac{(s-x_k)^2}{t-2s+x_k}\quad(k=0,1,2,\cdots),\end{cases}\tag{2.15}$$

或者直接写成

$$x_{k+1}=x_k-\frac{[\varphi(x_k)-x_k]^2}{\varphi[\varphi(x_k)]-2\varphi(x_k)+x_k}\quad(k=0,1,2,\cdots).$$

可以证明 Steffensen 迭代法在一定的条件下与原简单迭代法的迭代序列具有相同的极限,但 Steffensen 迭代法的收敛速度更快,可以达到二阶收敛.证明请参考文献[19].

例 2.5 对例 2.2 用简单迭代法与 Steffensen 迭代法求方程根的近似值,要求

$|x_{k+1}-x_k| \leqslant \frac{1}{2}\times 10^{-8}$.

解 （1）简单迭代法：将原方程化成 $x=[10/(4+x)]^{\frac{1}{2}}$，建立迭代公式

$$x_{k+1}=\left(\frac{10}{4+x_k}\right)^{\frac{1}{2}}.$$

易验证该迭代公式在区间[1,2]上满足定理 2.2 的条件，产生的迭代序列收敛.

（2）Steffensen 迭代法：加速公式为

$$\begin{cases} s=\left(\dfrac{10}{4+x_k}\right)^{\frac{1}{2}}, \\ t=\left(\dfrac{10}{4+s}\right)^{\frac{1}{2}}, \\ x_{k+1}=x_k-\dfrac{(s-x_k)^2}{t-2s+x_k} \quad (k=0,1,2,\cdots). \end{cases}$$

取初值 $x_0=1.5$，简单迭代法和 Steffensen 迭代法的计算结果见表 2.3.

注意，Steffensen 迭代法每一迭代步的计算量大约是原简单迭代法计算量的两倍.

表 2.3 简单迭代法和 Steffensen 迭代法的计算结果

k	简单迭代法 x_k	$\|x_{k+1}-x_k\|$	Steffensen 迭代法 x_k	$\|x_{k+1}-x_k\|$
0	1.5		1.5	
1	1.348 399 725	1.5×10^{-1}	1.365 265 223	1.3×10^{-1}
2	1.367 376 372	1.9×10^{-2}	1.365 230 013	3.5×10^{-5}
3	1.364 957 015	2.4×10^{-3}	1.365 230 013	2.5×10^{-12}
4	1.365 264 748	3.1×10^{-4}		
5	1.365 225 594	3.9×10^{-5}		
6	1.365 230 575	4.0×10^{-6}		
7	1.365 229 941	6.3×10^{-7}		
8	1.365 230 022	8.1×10^{-8}		
9	1.365 230 012	1.0×10^{-8}		
10	1.365 230 013	1.3×10^{-9}		

§ 2.4 Newton 迭代法

Newton 迭代法是求解非线性方程根的近似值的一种重要数值方法.其基本思想是将非线性函数$f(x)$逐步线性化,从而将非线性方程(2.1)近似地转化为一系列线性方程来求解.下面讨论其格式的构造、收敛性、收敛速度以及有关变形.

一、Newton 迭代法的构造

设 x_k 是方程(2.1)的某根的一个近似值,将函数 $f(x)$ 在点 x_k 处作 Taylor 展开

$$f(x)=f(x_k)+f'(x_k)(x-x_k)+\frac{f''(\xi)}{2!}(x-x_k)^2,$$

其中 ξ 介于 x 与 x_k 之间. 取前两项近似代替 $f(x)$,即用线性方程

$$f(x_k)+f'(x_k)(x-x_k)=0$$

近似非线性方程(2.1).设 $f'(x_k)\neq 0$,则用线性方程的根作为非线性方程根的新近似值,即定义

$$x_{k+1}=x_k-\frac{f(x_k)}{f'(x_k)}, \tag{2.16}$$

上式即是著名的 **Newton 迭代公式**.它也是一种简单迭代法,其中迭代函数

$$\varphi(x)=x-\frac{f(x)}{f'(x)}.$$

Newton 迭代法简称 Newton 法,它具有清晰的几何意义(如图 2.3 所示).方程$f(x)=0$ 的根 x^* 即为曲线 $y=f(x)$ 与 x 轴的交点的横坐标.设 x_k 是 x^* 的某个

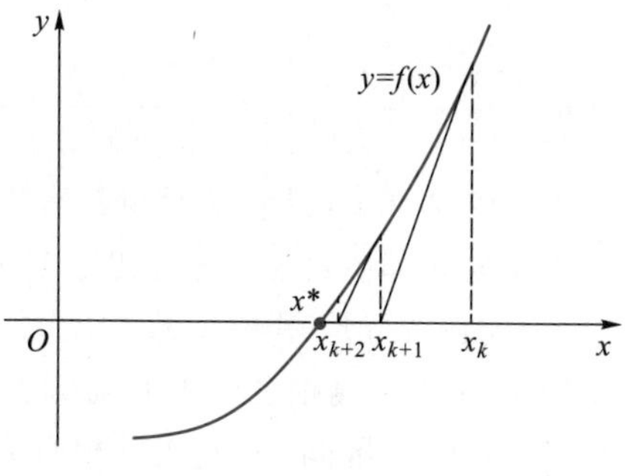

图 2.3 Newton 迭代法的几何意义

近似值,过曲线 $y=f(x)$ 上相应的点 $(x_k,f(x_k))$ 作切线,其方程为

$$y=f(x_k)+f'(x_k)(x-x_k),$$

它与 x 轴的交点横坐标就是 x_{k+1}. 若初值 x_0 取得充分靠近根 x^*,序列 $\{x_k\}_{k=0}^{+\infty}$ 就可能很快收敛到 x^*. 所以 Newton 迭代法也称为切线法.

二、收敛性

重点精讲

2.4 Newton 迭代法收敛性

定理 2.4 设 x^* 是方程(2.1)的单根,在 x^* 的邻域上 $f''(x)$ 连续且 $f'(x^*)\neq 0$,则存在 $\delta>0$,当 $x_0\in U(x^*,\delta)=[x^*-\delta,x^*+\delta]$ 时,Newton 法产生的序列 $\{x_k\}_{k=0}^{+\infty}$ 至少二阶收敛.

证明 (1) Newton 法迭代函数的导数为

$$\varphi'(x)=\frac{f(x)f''(x)}{[f'(x)]^2}.$$

显然,$\varphi'(x)$ 在 x^* 的邻域上连续. 又 $\varphi'(x^*)=0$,一定存在 x^* 的某个 δ 闭邻域 $U(x^*,\delta)$,当 $x\in U(x^*,\delta)$ 时,有

$$|\varphi'(x)|\leqslant L<1,$$

从而 Newton 法具有局部收敛性.

(2) 将 $f(x^*)$ 在 x_k 处作一阶 Taylor 展开

$$0=f(x^*)=f(x_k)+f'(x_k)(x^*-x_k)+\frac{1}{2!}f''(\xi_k)(x^*-x_k)^2, \tag{2.17}$$

其中 ξ_k 介于 x^* 与 x_k 之间. 又由 Newton 迭代公式有

$$0=f(x_k)+f'(x_k)(x_{k+1}-x_k). \tag{2.18}$$

式(2.17)与式(2.18)相减,得

$$x_{k+1}-x^*=\frac{f''(\xi_k)}{2f'(x_k)}(x^*-x_k)^2,$$

从而

$$\lim_{k\to+\infty}\left|\frac{x_{k+1}-x^*}{(x_k-x^*)^2}\right|=\left|\frac{f''(x^*)}{2f'(x^*)}\right| \tag{2.19}$$

存在. 由迭代法收敛阶的定义知,Newton 迭代法至少具有二阶收敛速度.

上述定理给出了 Newton 法局部收敛性,它对初值要求较高,初值必须充分靠近方程根,才可能收敛,因此在实际应用 Newton 法时,常常需要试着寻找合适的初值. 下面的定理给出 Newton 法在隔根区间上非局部收敛的一个充分条件.

定理 2.5 设 x^* 是方程(2.1)在区间 $[a,b]$ 上的根且 $f''(x)$ 在 $[a,b]$ 上连续,如果

(1) 对于任意 $x\in[a,b]$,有 $f'(x)\neq 0, f''(x)\neq 0$;

（2）选取初值 $x_0 \in [a,b]$，使 $f(x_0)f''(x_0)>0$，

则 Newton 法产生的迭代序列 $\{x_k\}_{k=0}^{+\infty}$ 单调收敛于 x^*，并具有二阶收敛速度.

证明 共有四种情形满足定理条件(1)，如图 2.4 所示.下面仅以图 2.4(a) 的情况进行证明，此时对任意 $x \in [a,b]$，有 $f'(x)>0, f''(x)>0$.结合条件(2)，应选 x_0 使得 $f(x_0)>0$，这样必然有初值 $x_0>x^*$.

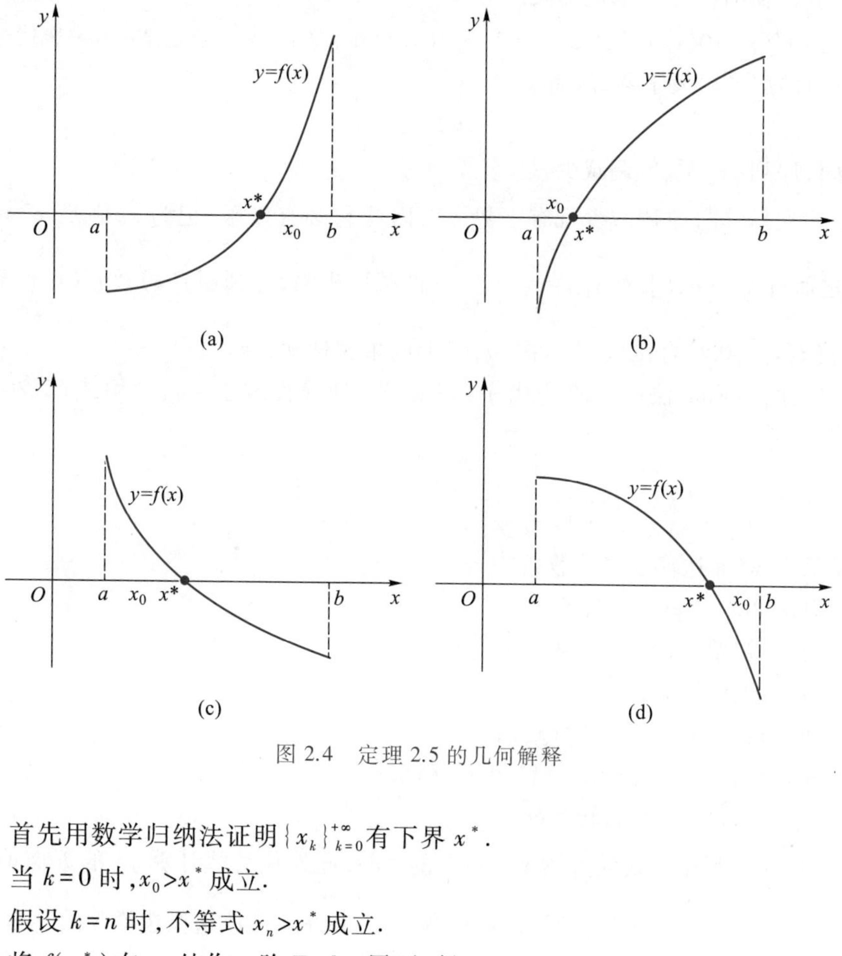

图 2.4 定理 2.5 的几何解释

首先用数学归纳法证明 $\{x_k\}_{k=0}^{+\infty}$ 有下界 x^*.

当 $k=0$ 时，$x_0>x^*$ 成立.

假设 $k=n$ 时，不等式 $x_n>x^*$ 成立.

将 $f(x^*)$ 在 x_n 处作一阶 Taylor 展开，得

$$f(x^*)=f(x_n)+f'(x_n)(x^*-x_n)+\frac{f''(\xi_n)}{2!}(x^*-x_n)^2=0, \quad \xi_n \in (x^*,x_n),$$

于是

$$x^*=x_n-\frac{f(x_n)}{f'(x_n)}-\frac{f''(\xi_n)}{2f'(x_n)}(x^*-x_n)^2.$$

又由 Newton 迭代公式，有

$$x^{*}=x_{n+1}-\frac{f''(\xi_n)}{2f'(x_n)}(x^{*}-x_n)^2. \tag{2.20}$$

式(2.20)右端的第二项大于零，因此 $x_{n+1}>x^{*}$. 由数学归纳法知 $x_k>x^{*}(k=0,1,2,\cdots)$.

其次证明 $\{x_k\}_{k=0}^{+\infty}$ 单调递减.

由 $f'(x)>0, x_k>x^{*}, f(x^{*})=0$，知 $f(x_k)>0, f'(x_k)>0$，于是 Newton 迭代公式(2.16)的第二项大于零，从而

$$x_k>x_{k+1},$$

故迭代序列 $\{x_k\}_{k=0}^{+\infty}$ 单调减少.

序列 $\{x_k\}_{k=0}^{+\infty}$ 单调减少且有下界 x^{*}，因此它必有极限，记为 $\hat{x}$，满足 $x^{*}\leqslant\hat{x}<x_0$，进而有 $\hat{x}\in[a,b]$. 对 $x_{k+1}=x_k-\dfrac{f(x_k)}{f'(x_k)}$ 两端取极限，并利用 $f(x)$ 及 $f'(x)$ 的连续性，得 $f(\hat{x})=0$. 结合函数 $f(x)$ 在 $[a,b]$ 上的单调性知 $\hat{x}=x^{*}$.

因此，Newton 法产生的迭代序列 $\{x_k\}_{k=0}^{+\infty}$ 单调收敛于 x^{*}，利用式(2.20)可推出

$$\lim_{k\to+\infty}\left|\frac{x_{k+1}-x^{*}}{(x_k-x^{*})^2}\right|=\left|\frac{f''(x^{*})}{2f'(x^{*})}\right|\neq 0,$$

于是该 Newton 迭代法二阶收敛.

算法 2.3　Newton 迭代法

输入：初始近似值 x_0；根的误差限 ε.

输出：近似解 x_1.

Step 1：$x_1=x_0-f(x_0)/f'(x_0)$；

Step 2：若 $|x_1-x_0|<\varepsilon$，则输出 x_1，结束；

　　　否则 $x_0=x_1$，转 Step 1.

例 2.6　利用非线性方程 $x^2-3=0$ 的 Newton 迭代公式计算 $\sqrt{3}$ 的近似值，使得 $|x_n-x_{n-1}|\leqslant\dfrac{1}{2}\times10^{-6}$，并证明：对任意 $x_0\in(0,+\infty)$，该迭代法均收敛.

解　(1) 建立 Newton 迭代公式

$$x_{k+1}=x_k-\frac{x_k^2-3}{2x_k}=\frac{1}{2}\left(x_k+\frac{3}{x_k}\right)\quad(k=0,1,2,\cdots),$$

其中 $x_0>0$.

（2）判断收敛性

在区间$(0,+\infty)$内，$f'(x)=2x>0$，$f''(x)=2>0$，当选取初值$x_0\in[\sqrt{3},+\infty)$时，存在足够大的M，使得$x_0\in[\sqrt{3},M]$. 由定理2.5知，该迭代公式产生的迭代序列$\{x_k\}_{k=0}^{+\infty}$都收敛于$\sqrt{3}$.

当选取初值$x_0\in(0,\sqrt{3})$时，

$$x_1=\frac{1}{2}\left(x_0+\frac{3}{x_0}\right)>\sqrt{3}>x_0,$$

这样，从x_1起，以后的$x_k(k\geqslant 2)$都大于$\sqrt{3}$.

故该迭代公式对任何初值$x_0>0$都收敛.

（3）取初值$x_0=2$，迭代计算，结果见表2.4.

表2.4　Newton法的计算结果

n	x_n	$\lvert x_n-x_{n-1}\rvert$
0	2	
1	1.75	2.5×10^{-1}
2	1.732 142 9	$1.785\ 714\ 3\times10^{-2}$
3	1.732 050 8	$9.204\ 712\ 8\times10^{-5}$
4	1.732 050 8	$2.445\ 850\ 0\times10^{-9}$

迭代四步后已经满足精度要求，精确解$\sqrt{3}=1.732\ 050\ 807\ 568\ 88\cdots$.

三、Newton迭代法的变形

重点精讲

2.5 Newton迭代法的变形

Newton迭代格式构造容易，迭代收敛速度快，但对初值的选取比较敏感，要求初值充分接近真解，另外对重根收敛速度较慢（仅有线性收敛速度），而且当函数复杂时，导数计算工作量大. 下面从不同的角度对Newton法进行改进.

1. Newton下山法

Newton迭代法的收敛性依赖于初值x_0的选取，如果x_0偏离x^*较远，则Newton迭代法有可能发散，从而在实际应用中选出较好的初值有一定难度，而Newton下山法则是一种降低对初值要求的修正Newton迭代法.

方程(2.1)的根x^*也是$|f(x)|$的最小值点，若把$|f(x)|$看成$f(x)$在x处的高度，则x^*是山谷的最低点. 若序列$\{x_k\}_{k=0}^{+\infty}$满足单调性条件

$$|f(x_{k+1})|<|f(x_k)|,\tag{2.21}$$

则称 $\{x_k\}_{k=0}^{+\infty}$ 为 $f(x)$ 的下山序列.

在 Newton 迭代法中引入下山因子 $\lambda\in(0,1]$,将 Newton 迭代公式(2.16)修正为

$$x_{k+1}=x_k-\lambda\frac{f(x_k)}{f'(x_k)}\quad(k=0,1,2,\cdots).\tag{2.22}$$

适当选取下山因子 λ,使得单调性条件(2.21)成立,即得到 Newton 下山法.

对下山因子的选取是逐步探索进行的.一般地,从 $\lambda=1$ 开始反复将因子 λ 的值减半进行试算,一旦单调性条件(2.21)成立,则称“下山成功”;反之,如果在上述过程中,λ 已经足够小,但条件(2.21)依然不成立,则称“下山失败”,这时可对 x_k 进行扰动或另选初值 x_0,重新计算.

2. 针对重根情形的加速算法(重根的 Newton 迭代法)

假设 x^* 是方程的 $m(\geqslant 2)$ 重根,并且存在函数 $g(x)$,使得

$$f(x)=(x-x^*)^m g(x),\quad g(x^*)\neq 0,\tag{2.23}$$

式中 $g(x)$ 在 x^* 的某邻域内可导,则 Newton 迭代函数

$$\begin{aligned}\varphi(x)&=x-\frac{f(x)}{f'(x)}=x-\frac{(x-x^*)^m g(x)}{m(x-x^*)^{m-1}g(x)+(x-x^*)^m g'(x)}\\&=x-\frac{(x-x^*)g(x)}{mg(x)+(x-x^*)g'(x)},\end{aligned}$$

其导数在 x^* 处的值

$$\begin{aligned}\varphi'(x^*)&=\lim_{x\to x^*}\frac{\varphi(x)-\varphi(x^*)}{x-x^*}=\lim_{x\to x^*}\frac{x-\dfrac{(x-x^*)g(x)}{mg(x)+(x-x^*)g'(x)}-x^*}{x-x^*}\\&=\lim_{x\to x^*}\left[1-\frac{g(x)}{mg(x)+(x-x^*)g'(x)}\right]=1-\frac{1}{m}.\end{aligned}$$

所以 $0<\varphi'(x^*)<1$,由定理 2.2 知 Newton 迭代法此时只有线性收敛.为了加速收敛,可以采用如下两种方法:

方法 1 令 $\mu(x)=\dfrac{f(x)}{f'(x)}$,则 x^* 是方程 $\mu(x)=0$ 的单根,将 Newton 迭代函数改为

$$\psi(x)=x-\frac{\mu(x)}{\mu'(x)}=x-\frac{f(x)f'(x)}{[f'(x)]^2-f(x)f''(x)},$$

因此有重根加速迭代公式

$$x_{k+1}=x_k-\frac{f(x_k)f'(x_k)}{[f'(x_k)]^2-f(x_k)f''(x_k)}\quad(k=0,1,2,\cdots),\tag{2.24}$$

它至少二阶收敛.

方法 2 将 Newton 迭代函数改为

$$\varphi(x)=x-m\frac{f(x)}{f'(x)},$$

这时 $\varphi'(x^*)=0$,由此得到加速迭代公式

$$x_{k+1}=x_k-m\frac{f(x_k)}{f'(x_k)}\quad(k=0,1,2,\cdots).\tag{2.25}$$

相对于方法 1,方法 2 的优点是计算简单,不足之处是需要知道根的重数.

例 2.7 已知方程 $f(x)=x^4-4x^2+4=0$ 有一个二重根 $x^*=\sqrt{2}$,分别用 Newton 法(2.16)和重根的 Newton 法(2.24)和(2.25)求其近似值,要求 $|x_n-x_{n-1}|\leqslant\frac{1}{2}\times10^{-6}$.

解 $f'(x)=4x^3-8x,\ f''(x)=12x^2-8,\ \mu(x)=\dfrac{f(x)}{f'(x)}=\dfrac{x^2-2}{4x},\ m=2.$

由 Newton 法(2.16)得

$$x_{k+1}=x_k-\frac{x_k^2-2}{4x_k}=\frac{3x_k^2+2}{4x_k}\quad(k=0,1,2,\cdots);$$

由重根的 Newton 法(2.24)得

$$x_{k+1}=x_k-\frac{x_k(x_k^2-2)}{x_k^2+2}=\frac{4x_k}{x_k^2+2}\quad(k=0,1,2,\cdots);$$

由重根的 Newton 法(2.25)得

$$x_{k+1}=x_k-\frac{x_k^2-2}{2x_k}=\frac{x_k^2+2}{2x_k}\quad(k=0,1,2,\cdots).$$

利用上述三种迭代格式,取初值 $x_0=1.4$,分别计算,结果见表 2.5.

表 2.5 Newton 法和重根的 Newton 法的计算结果

k	式(2.16) x_k	式(2.24) x_k	式(2.25) x_k
0	1.4	1.4	1.4
1	1.407 142 9	1.414 141 4	1.414 285 7
2	1.410 687 1	1.414 213 6	1.414 213 6
3	1.412 452 5	1.414 213 6	1.414 213 6
⋮	⋮		

续表

k	式(2.16) x_k	式(2.24) x_k	式(2.25) x_k
10	1.414 199 8		
⋮	⋮		
14	1.414 212 7		
15	1.414 213 1		

3. 割线法

Newton 法每步都需要计算导数值 $f'(x_k)$,当函数 $f(x)$ 比较复杂时,导数的计算量比较大,此时使用 Newton 法不方便.

为了避免计算导数,可以改用平均变化率 $\dfrac{f(x_k)-f(x_{k-1})}{x_k-x_{k-1}}$ 替换 Newton 迭代公式中的导数 $f'(x_k)$,即使用如下公式

$$x_{k+1}=x_k-\frac{f(x_k)}{f(x_k)-f(x_{k-1})}(x_k-x_{k-1}), \tag{2.26}$$

上式即是割线法的迭代公式.

割线法也具有明晰的几何意义,如图 2.5 所示,用割线方程

$$y=f(x_k)+\frac{f(x_k)-f(x_{k-1})}{x_k-x_{k-1}}(x-x_k)$$

的零点逐步近似曲线方程 $f(x)=0$ 的零点.

割线法的收敛速度比 Newton 法稍慢一些,可以证明其收敛阶约为 1.618,证明请参考文献[6].此外在每一步计算时需要前两步的信息 x_k, x_{k-1},即这种迭代法是两步法.两步法在计算前需要提供两个初始值 x_0 与 x_1.

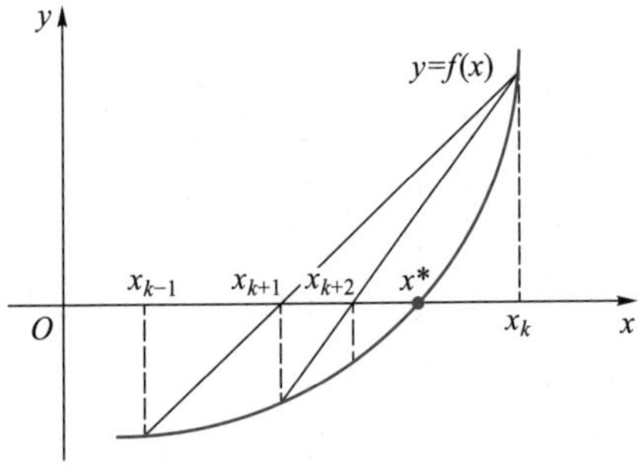

图 2.5 割线法的几何意义

知识结构图

- 非线性方程数值解法
  - 基本概念(单根、重根、收敛阶)
  - 求根方法
    - 二分法及其收敛性
    - 简单迭代法
      - 迭代格式
      - 收敛性定理
      - 误差估计
    - 简单迭代法的加速
    - Newton 迭代法
      - 迭代格式
      - 收敛性定理
      - 收敛阶
    - Newton 迭代法的变形
      - 重根的 Newton 迭代法
      - Newton 下山法
      - 割线法

习题二

1. 用二分法求方程 $2e^{-x}-\sin x=0$ 在区间 $[0,1]$ 上根的近似值,精确到 3 位有效数字.

2. 方程 $x^3+x-4=0$ 在区间 $[1,2]$ 上有一根,若用二分法求根的近似值,使其具有 5 位有效数字,至少应二分多少次?

3. 已知方程 $x^3-x^2-1=0$ 在 $x_0=1.5$ 附近有根,试判断下列迭代格式的收敛性,并用收敛的迭代公式求方程根的近似值,比较其迭代次数,要求 $|x_n-x_{n-1}|\leqslant\frac{1}{2}\times10^{-3}$.

(1) $x_{n+1}=1+\frac{1}{x_n^2}$;　　(2) $x_{n+1}=\frac{1}{\sqrt{x_n-1}}$;　　(3) $x_{n+1}=\sqrt[3]{1+x_n^2}$.

4. 设有方程

(1) $x-\cos x=0$;　　(2) $3x^2-e^x=0$.

确定区间 $[a,b]$ 及迭代函数 $\varphi(x)$,使 $x_{k+1}=\varphi(x_k)$ 对任意初值 $x_0\in[a,b]$ 均收敛,并求各方程根的近似值,要求 $|x_n-x_{n-1}|\leqslant\frac{1}{2}\times10^{-4}$.

5. 用迭代法求 $x^5-x-0.2=0$ 的正根的近似值,要求精确到小数点后 5 位.

6. 用 Steffensen 迭代法求方程 $x=x^3-1$ 在区间 $[1,1.5]$ 上的根的近似值,要求精确到小数点后 4 位.

7. 用 Newton 法和割线法分别求方程 $x^3-3x-1=0$ 在 $x_0=2$ 附近根的近似值,并比较迭代次数(根的准确值为 $x^*=1.879\ 385\ 24\cdots$,要求精确到小数点后 4 位).

8. Halley 法是加速 Newton 法收敛的一个途径,在求 $f(x)=0$ 的单根情况下 Halley 法可达到三阶收敛速度.Halley 迭代函数是

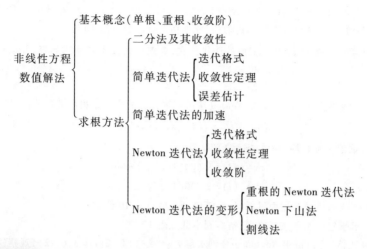

$$g(x)=x-\frac{f(x)}{f'(x)}\left\{1-\frac{f(x)f''(x)}{2[f'(x)]^2}\right\}^{-1},$$

其中括号中的项是对 Newton 迭代公式的改进.设函数 $f(x)=x^3-3x-2$,试给出 Halley 迭代公式,取初值 $x_0=2.4$ 计算其根的近似值,要求精确到小数点后 10 位.

9. 试建立计算 $x=\sqrt[3]{a}$ 的近似值的迭代公式,要求公式仅含有算术运算,并取初值 $x_0=1$,计算 $\sqrt[3]{3}$,要求 $|x_n-x_{n-1}|\leqslant\frac{1}{2}\times10^{-6}$.

10.(数值实验)用二分法和 Newton 法求下列方程的唯一正根的近似值:

$$x\ln(\sqrt{x^2-1}+x)-\sqrt{x^2-1}-0.5x=0.$$

11.(数值实验)设投射体的运动方程为

$$\begin{cases}y=g(t)=9\,600(1-e^{-t/15})-480t,\\ x=h(t)=2\,400(1-e^{-t/15}).\end{cases}$$

(1) 求投射体撞击地面时的时间,精确到小数点后 10 位;

(2) 求投射体水平飞行路程,精确到小数点后 10 位.

12.(数值实验)试用 Newton 法分别求解方程 $(x-1)^m=0\ (m=3,6,12)$,观察迭代序列变化的快慢,分析所发生的现象.能否改造 Newton 法使其收敛更快?

第三章　线性代数方程组的解法

针对有唯一解的非齐次线性代数方程组求解问题，本章主要介绍 Gauss（高斯）顺序消去法、Gauss 主元消去法、矩阵三角分解法等直接求解算法，以及 Jacobi（雅可比）法、Gauss-Seidel（高斯-赛德尔）法和逐次超松弛法等迭代求解算法.

§3.1　引言

大量的科学与工程实际问题常常可以归结为求解含有多个未知量 $x_1,x_2,\cdots,x_n$ 的线性代数方程组

$$\begin{cases} a_{11}x_1+a_{12}x_2+\cdots+a_{1n}x_n=b_1, \\ a_{21}x_1+a_{22}x_2+\cdots+a_{2n}x_n=b_2, \\ \cdots\cdots\cdots\cdots \\ a_{n1}x_1+a_{n2}x_2+\cdots+a_{nn}x_n=b_n, \end{cases} \tag{3.1}$$

其对应的矩阵形式为 $\boldsymbol{Ax}=\boldsymbol{b}$，其中 n 阶非奇异矩阵 $\boldsymbol{A}$ 以及 n 维列向量 $\boldsymbol{x}$ 和 $\boldsymbol{b}$ 分别定义如下：

$$\boldsymbol{A}=\begin{pmatrix} a_{11} & a_{12} & \cdots & a_{1n} \\ a_{21} & a_{22} & \cdots & a_{2n} \\ \vdots & \vdots & & \vdots \\ a_{n1} & a_{n2} & \cdots & a_{nn} \end{pmatrix},\quad \boldsymbol{x}=\begin{pmatrix} x_1 \\ x_2 \\ \vdots \\ x_n \end{pmatrix},\quad \boldsymbol{b}=\begin{pmatrix} b_1 \\ b_2 \\ \vdots \\ b_n \end{pmatrix}.$$

线性代数方程组数值解法可以分为直接法和迭代法两类. 所谓**直接法**，是指

在没有舍入误差的假设下，经过有限步运算就能得到方程组精确解的一类方法；而**迭代法**则是从一个初始向量 $\boldsymbol{x}^{(0)}$ 出发，按照一定的迭代格式产生一个向量序列 $\{\boldsymbol{x}^{(k)}\}_{k=0}^{+\infty}$，当该序列收敛时，其极限就是线性方程组的解.

§ 3.2　Gauss 消去法

一、三角形方程组解法

对于如下形式的下三角形方程组：

$$\begin{cases} a_{11}x_1 & = b_1, \\ a_{21}x_1 + a_{22}x_2 & = b_2, \\ \cdots\cdots\cdots\cdots \\ a_{n1}x_1 + a_{n2}x_2 + \cdots + a_{nn}x_n = b_n, \end{cases} \tag{3.2}$$

若 $a_{ii}\neq 0(i=1,2,\cdots,n)$，则(3.2)的解为

$$\begin{cases} x_1 = b_1/a_{11}, \\ x_k = (b_k - a_{k1}x_1 - a_{k2}x_2 - \cdots - a_{k,k-1}x_{k-1})/a_{kk} \quad (k=2,3,\cdots,n). \end{cases} \tag{3.3}$$

此方法称为**前推算法**.

类似地，对于如下形式的上三角形方程组：

$$\begin{cases} a_{11}x_1 + a_{12}x_2 + \cdots + a_{1n}x_n = b_1, \\ \qquad a_{22}x_2 + \cdots + a_{2n}x_n = b_2, \\ \qquad\qquad \cdots\cdots\cdots\cdots \\ \qquad\qquad\qquad a_{nn}x_n = b_n, \end{cases} \tag{3.4}$$

若 $a_{ii}\neq 0(i=1,2,\cdots,n)$，则(3.4)的解为

$$\begin{cases} x_n = b_n/a_{nn}, \\ x_k = (b_k - a_{k,k+1}x_{k+1} - \cdots - a_{kn}x_n)/a_{kk} \quad (k=n-1,n-2,\cdots,1). \end{cases} \tag{3.5}$$

此方法称为**回代算法**.

二、Gauss 顺序消去法

由于求解三角形方程组的过程很简单，所以只要能把方程组化为等价的三角形方程组，求解过程就容易完成. Gauss 消去法的基本思想就是通过逐步消元将线性方程组(3.1)化为系数矩阵为上三角形矩阵的同解方程组，然后用回代算法解此三角形方程组，并得到原方程组的解.

设线性方程组(3.1)的系数矩阵 $\boldsymbol{A}=(a_{ij})_{n\times n}$ 非奇异,为描述方便,记该线性方程组的增广矩阵为

$$(\boldsymbol{A}\mid\boldsymbol{b})=\left(\begin{array}{cccc|c} a_{11}^{(1)} & a_{12}^{(1)} & \cdots & a_{1n}^{(1)} & a_{1,n+1}^{(1)} \\ a_{21}^{(1)} & a_{22}^{(1)} & \cdots & a_{2n}^{(1)} & a_{2,n+1}^{(1)} \\ \vdots & \vdots & & \vdots & \vdots \\ a_{n1}^{(1)} & a_{n2}^{(1)} & \cdots & a_{nn}^{(1)} & a_{n,n+1}^{(1)} \end{array}\right), \tag{3.6}$$

其中

$$a_{ij}^{(1)}=a_{ij},\quad a_{i,n+1}^{(1)}=b_i\quad (i,j=1,2,\cdots,n). \tag{3.7}$$

Gauss 顺序消去法实际上就是在求解过程中方程次序不变(即没有换行操作)的 Gauss 消去法,具体过程如下:

第 1 步:设 $a_{11}^{(1)}\neq 0$,用 $-\dfrac{a_{i1}^{(1)}}{a_{11}^{(1)}}$ 乘(3.6)的第 1 行后加到第 i 行($i=2,3,\cdots,n$),则第 i 行的第 j 个元素化为

$$a_{ij}^{(1)}-\frac{a_{i1}^{(1)}}{a_{11}^{(1)}}\cdot a_{1j}^{(1)}=:a_{ij}^{(2)}\quad (j=2,3,\cdots,n+1), \tag{3.8}$$

此时增广矩阵(3.6)相应地化为

$$\left(\begin{array}{cccc|c} a_{11}^{(1)} & a_{12}^{(1)} & \cdots & a_{1n}^{(1)} & a_{1,n+1}^{(1)} \\ & a_{22}^{(2)} & \cdots & a_{2n}^{(2)} & a_{2,n+1}^{(2)} \\ & \vdots & & \vdots & \vdots \\ & a_{n2}^{(2)} & \cdots & a_{nn}^{(2)} & a_{n,n+1}^{(2)} \end{array}\right). \tag{3.9}$$

第 2 步:设 $a_{22}^{(2)}\neq 0$,用 $-\dfrac{a_{i2}^{(2)}}{a_{22}^{(2)}}$ 乘(3.9)的第 2 行后加到第 i 行($i=3,4,\cdots,n$),则第 i 行的第 j 个元素化为

$$a_{ij}^{(2)}-\frac{a_{i2}^{(2)}}{a_{22}^{(2)}}\cdot a_{2j}^{(2)}=:a_{ij}^{(3)}\quad (j=3,4,\cdots,n+1), \tag{3.10}$$

增广矩阵(3.9)相应地化为

$$\left(\begin{array}{ccccc|c} a_{11}^{(1)} & a_{12}^{(1)} & a_{13}^{(1)} & \cdots & a_{1n}^{(1)} & a_{1,n+1}^{(1)} \\ & a_{22}^{(2)} & a_{23}^{(2)} & \cdots & a_{2n}^{(2)} & a_{2,n+1}^{(2)} \\ & & a_{33}^{(3)} & \cdots & a_{3n}^{(3)} & a_{3,n+1}^{(3)} \\ & & \vdots & & \vdots & \vdots \\ & & a_{n3}^{(3)} & \cdots & a_{nn}^{(3)} & a_{n,n+1}^{(3)} \end{array}\right). \tag{3.11}$$

类似地,当完成了第 1 至 $n-1$ 步消元后,(3.11)就化为

$$
\left(\begin{array}{cccc|c}
a_{11}^{(1)} & a_{12}^{(1)} & \cdots & a_{1n}^{(1)} & a_{1,n+1}^{(1)} \\
 & a_{22}^{(2)} & \cdots & a_{2n}^{(2)} & a_{2,n+1}^{(2)} \\
 & & \ddots & \vdots & \vdots \\
 & & & a_{nn}^{(n)} & a_{n,n+1}^{(n)}
\end{array}\right). \tag{3.12}
$$

此时已把原方程组(3.1)等价地转化成了上三角形方程组(3.12),可用回代算法求解该上三角形方程组,回代公式为

$$
\begin{cases}
x_n = \dfrac{a_{n,n+1}^{(n)}}{a_{nn}^{(n)}}, \\
x_k = \dfrac{1}{a_{kk}^{(k)}}\left[a_{k,n+1}^{(k)} - \sum\limits_{j=k+1}^{n} a_{kj}^{(k)} x_j\right] \qquad (k = n-1, n-2, \cdots, 1).
\end{cases} \tag{3.13}
$$

由上面的消元过程知,Gauss 顺序消去法的消元过程能进行下去的前提条件是$a_{kk}^{(k)} \neq 0(k=1,2,\cdots,n-1)$,该条件可通过判断系数矩阵 $\boldsymbol{A}$ 的前 $n-1$ 阶顺序主子式非零来获得.回代过程则要求 $a_{kk}^{(k)} \neq 0(k=1,2,\cdots,n)$,即系数矩阵 $\boldsymbol{A}$ 的各阶顺序主子式均非零.

例 3.1 用 Gauss 顺序消去法解线性方程组(采用 7 位浮点数计算)

$$
\begin{cases}
0.000\,9x_1+6x_2=4.03, \\
2x_1-x_2=66.
\end{cases}
$$

解 保留第一个方程,将第一个方程乘-2 再除以 0.000 9 加到第二个方程,得

$$
\begin{cases}
0.900\,000\,0\times10^{-3}x_1+0.600\,000\,0\times10^{1}x_2=0.403\,000\,0\times10^{1}, \\
-0.133\,343\,3\times10^{5}x_2=-0.888\,955\,6\times10^{4}.
\end{cases}
$$

由第二个方程求得 $x_2=0.666\,666\,9$,代入第一个方程得 $x_1=0.333\,317\,8\times10^{2}$.

例 3.1 中方程组的精确解为 $x_1=\dfrac{100}{3}, x_2=\dfrac{2}{3}$,这样,近似解 x_1^* 和 x_2^* 分别有 4 位和 6 位有效数字,x_1^* 计算结果精度不高,其原因是在计算过程中出现较小数做分母及相近数相减运算,使得舍入误差增大.事实上,在利用 Gauss 顺序消去法求解线性方程组时,若消元过程的第 k 步都有 $a_{kk}^{(k)} \neq 0(k=1,2,\cdots,n)$,则 Gauss 顺序消去法能够进行下去,但当 $|a_{kk}^{(k)}| \approx 0$ 或 $|a_{kk}^{(k)}|$ 相对于其他元素很小时,浮点计算过程中产生的舍入误差在回代过程可能导致计算结果的误差急剧增大.在这种情况下,可采用下面介绍的 Gauss 主元消去法.

三、Gauss 主元消去法

对于上面的例 3.1,如果我们先交换两个方程的顺序,得到等价方程组

$$\begin{cases} 2x_1-x_2=66, \\ 0.000\,9x_1+6x_2=4.03. \end{cases}$$

同样采用 7 位浮点数计算，用 Gauss 顺序消去法可解得 $x_2=0.666\,666\,7$，$x_1=33.333\,34$，分别具有 7 位和 6 位有效数字，计算精度得到提高.

重点精讲

3.1 Gauss 主元消去法

上面的求解过程实际上就是 Gauss 主元消去法. 根据主元选取范围的不同，Gauss 主元消去法又分为列主元消去法和全主元消去法.

1. Gauss 列主元消去法

Gauss 列主元消去法的执行过程如下：

首先，在增广矩阵(3.6)的第 1 列元素中选绝对值最大的元素 $a_{i_11}^{(1)}$，称为第 1 列的主元，即有

$$|a_{i_11}^{(1)}|=\max_{1\leqslant i\leqslant n}|a_{i1}^{(1)}|.$$

若 $i_1\neq 1$，则交换增广矩阵中第 1 行和第 i_1 行的元素，交换后的增广矩阵仍记为式(3.6)，但此时 $a_{11}^{(1)}$ 已是第 1 列的主元. 用主元 $a_{11}^{(1)}$ 将其下边的 $n-1$ 个元素 $a_{i1}^{(1)}(i=2,3,\cdots,n)$ 消元为零的过程与 Gauss 顺序消去过程的第 1 步相同，从而得增广矩阵(3.9).

其次，在式(3.9)的第 2 列除第 1 个元素外的其余 $n-1$ 个元素中选主元 $a_{i_22}^{(2)}$，即有

$$|a_{i_22}^{(2)}|=\max_{2\leqslant i\leqslant n}|a_{i2}^{(2)}|.$$

若 $i_2\neq 2$，则交换(3.9)中第 2 行和第 i_2 行的元素，此时新的 $a_{22}^{(2)}$ 已是第 2 列下边 $n-1$ 个元素的主元，同 Gauss 消去法过程中的第 2 步，得到增广矩阵(3. 11). 其余消元过程可以类似进行.

当完成第 1 至 $n-1$ 步的选列主元及相应高斯消去过程后，则得增广矩阵(3.12)，最后利用回代公式(3.13)求得原方程组(3.1)的解.

列主元消去法除了每步需要按列选主元并作相应的行交换外，其消去过程与 Gauss 顺序消去法的消去过程相同.

算法 3.1　列主元消去法

输入：方程组阶数 n、二维数组存放的增广矩阵 $(\boldsymbol{A}\mid\boldsymbol{b})$.

输出：方程组的解 $x_i(i=1,2,\cdots,n)$.

Step 1：选主元的消去过程

　　对 $k=1,2,\cdots,n-1$,

　　(1) 找行号 $i_k\in\{k,k+1,\cdots,n\}$，使 $|a_{i_kk}^{(k)}|=\max_{k\leqslant i\leqslant n}|a_{ik}^{(k)}|$；

（2）若 $i_k \neq k$，则交换增广矩阵 $\boldsymbol{A}$ 的第 k 行和第 i_k 行元素；

（3）消元：对 $i=k+1,k+2,\cdots,n$，计算 $l_{ik}=\dfrac{a_{ik}^{(k)}}{a_{kk}^{(k)}}$，对 $j=k+1,k+2,\cdots,n+1$，计算 $a_{ij}^{(k+1)}=a_{ij}^{(k)}-l_{ik}a_{kj}^{(k)}$.

Step 2：回代过程

（1）计算 $x_n=\dfrac{a_{n,n+1}^{(n)}}{a_{nn}^{(n)}}$；

（2）对 $k=n-1,n-2,\cdots,1$，计算 $x_k=\dfrac{1}{a_{kk}^{(k)}}\left[a_{k,n+1}^{(k)}-\sum\limits_{j=k+1}^{n}a_{kj}^{(k)}x_j\right]$.

Step 3：输出方程组的解 $x_i(i=1,2,\cdots,n)$.

不同于 Gauss 顺序消去法，Gauss 列主元消去法只要线性方程组的系数矩阵 $\boldsymbol{A}$ 非奇异，即可求出其唯一解.

2. Gauss 全主元消去法

全主元消去法选主元的范围更大.对增广矩阵(3.6)来说，第 1 步是在整个系数矩阵中选主元，即选绝对值最大的元素，经过行列交换将其放在 a_{11} 元素的位置，然后实施第 1 步消元过程.第 2 步是在(3.9)中的 $n-1$ 阶矩阵

$$\begin{pmatrix} a_{22}^{(2)} & \cdots & a_{2n}^{(2)} \\ \vdots & & \vdots \\ a_{n2}^{(2)} & \cdots & a_{nn}^{(2)} \end{pmatrix}$$

中选主元，其余各步选主元的范围以此类推，而每步选主元后的消去过程同列主元法的消去过程.

全主元消去法每步所选主元的绝对值，通常比列主元消去法所选主元的绝对值要大，因而全主元消去法的求解结果更加可靠.但全主元消去法每步选主元要花费更多的机时，并且由于对增广矩阵可能进行列交换，使得未知量 $x_1,x_2,\cdots,x_n$ 的次序发生了变化，在编程时应当格外注意.

§3.3 矩阵三角分解法

重点精讲

3.2 LU 分解法

前面 3.2 节中介绍过，下三角形方程组和上三角形方程组很容易通过前推算法和回代算法求解.如果能将线性方程组 $\boldsymbol{Ax}=\boldsymbol{b}$ 的系数矩阵 $\boldsymbol{A}$ 分解成 $\boldsymbol{A}=\boldsymbol{LU}$（其中 $\boldsymbol{L}$ 是下三角形矩阵，$\boldsymbol{U}$ 是上三角形矩阵），那么通过求解下三角形方程组 $\boldsymbol{Ly}=\boldsymbol{b}$ 得到列向量 $\boldsymbol{y}$，

再通过求解上三角形方程组 $\boldsymbol{Ux}=\boldsymbol{y}$ 即可得到原方程组的解 $\boldsymbol{x}$.

一、矩阵三角分解的基本概念

Gauss 顺序消去过程实际上就是对增广矩阵$(\boldsymbol{A}\mid\boldsymbol{b})$进行若干次初等行变换,使之化为$(\boldsymbol{U}\mid\boldsymbol{g})$的形式,其中 $\boldsymbol{U}$ 为上三角形矩阵.由线性代数理论知,对一个矩阵进行一次初等行变换,相当于给这个矩阵左乘一个相应的初等矩阵.定义如下一组单位下三角形矩阵(对角线元素为 1 的下三角形矩阵):

$$
\boldsymbol{L}_1=\begin{pmatrix}1&&&&\\-l_{21}&1&&&\\-l_{31}&0&1&&\\\vdots&\vdots&\vdots&\ddots&\\-l_{n1}&0&0&\cdots&1\end{pmatrix},\quad \boldsymbol{L}_2=\begin{pmatrix}1&&&&\\0&1&&&\\0&-l_{32}&1&&\\\vdots&\vdots&\vdots&\ddots&\\0&-l_{n2}&0&\cdots&1\end{pmatrix},\quad\cdots,
$$

$$
\boldsymbol{L}_k=\begin{pmatrix}1&&&&&\\\vdots&\ddots&&&&\\0&\cdots&1&&&\\0&\cdots&-l_{k+1,k}&1&&\\\vdots&&\vdots&\vdots&\ddots&\\0&\cdots&-l_{nk}&0&\cdots&1\end{pmatrix},\quad\cdots,\quad \boldsymbol{L}_{n-1}=\begin{pmatrix}1&&&&\\0&1&&&\\0&0&\ddots&&\\\vdots&\vdots&\ddots&1&\\0&0&\cdots&-l_{n,n-1}&1\end{pmatrix},
$$

其中

$$
l_{ik}=\frac{a_{ik}^{(k)}}{a_{kk}^{(k)}}\quad(k=1,2,\cdots,n-1;i=k+1,k+2,\cdots,n),
$$

则对应的消元过程依次为

$$
\begin{gathered}
\boldsymbol{L}_1(\boldsymbol{A}^{(1)}\mid\boldsymbol{b}^{(1)})=(\boldsymbol{A}^{(2)}\mid\boldsymbol{b}^{(2)}),\\
\cdots\\
\boldsymbol{L}_k(\boldsymbol{A}^{(k)}\mid\boldsymbol{b}^{(k)})=(\boldsymbol{A}^{(k+1)}\mid\boldsymbol{b}^{(k+1)}),\\
\cdots\\
\boldsymbol{L}_{n-1}(\boldsymbol{A}^{(n-1)}\mid\boldsymbol{b}^{(n-1)})=(\boldsymbol{A}^{(n)}\mid\boldsymbol{b}^{(n)})=:(\boldsymbol{U}\mid\boldsymbol{g}).
\end{gathered}
$$

归纳消元过程有

$$
\boldsymbol{L}_{n-1}\boldsymbol{L}_{n-2}\cdots\boldsymbol{L}_2\boldsymbol{L}_1(\boldsymbol{A}\mid\boldsymbol{b})=(\boldsymbol{U}\mid\boldsymbol{g}). \tag{3.14}
$$

由式(3.14)得

$$
\boldsymbol{L}_{n-1}\boldsymbol{L}_{n-2}\cdots\boldsymbol{L}_2\boldsymbol{L}_1\boldsymbol{A}=\boldsymbol{U}, \tag{3.15}
$$

记 $\boldsymbol{L}=(\boldsymbol{L}_{n-1}\boldsymbol{L}_{n-2}\cdots\boldsymbol{L}_2\boldsymbol{L}_1)^{-1}$($\boldsymbol{L}$ 仍是单位下三角形矩阵),则有

$$
\boldsymbol{A}=\boldsymbol{LU},\quad \boldsymbol{Lg}=\boldsymbol{b}. \tag{3.16}
$$

定义 3.1 若 $n(n\geqslant 2)$ 阶矩阵 $\boldsymbol{A}$ 可以分解为一个下三角形矩阵 $\boldsymbol{L}$ 和一个上三角形矩阵 $\boldsymbol{U}$ 的乘积，即 $\boldsymbol{A}=\boldsymbol{L}\boldsymbol{U}$，则称这种分解为矩阵 $\boldsymbol{A}$ 的一个**三角分解**或 **LU 分解**；若 $\boldsymbol{L}$ 是单位下三角形矩阵，$\boldsymbol{U}$ 是上三角形矩阵，则称为 **Doolittle（杜里特尔）分解**；若 $\boldsymbol{L}$ 是下三角形矩阵，$\boldsymbol{U}$ 是单位上三角形矩阵，则称为 **Crout（克劳特）分解**.

定理 3.1[26] 若 n 阶 $(n\geqslant 2)$ 矩阵 $\boldsymbol{A}$ 的前 $n-1$ 阶顺序主子式均不为零，则 $\boldsymbol{A}$ 有唯一 Doolittle 分解和唯一 Crout 分解.

下面以 Doolittle 分解为例说明矩阵三角分解的具体过程.

二、Doolittle 分解

设矩阵 $\boldsymbol{A}$ 的所有顺序主子式不为零，且有 Doolittle 分解 $\boldsymbol{A}=\boldsymbol{L}\boldsymbol{U}$，则求解线性方程组 $\boldsymbol{A}\boldsymbol{x}=\boldsymbol{b}$ 等价于求解下三角形方程组 $\boldsymbol{L}\boldsymbol{y}=\boldsymbol{b}$ 及上三角形方程组 $\boldsymbol{U}\boldsymbol{x}=\boldsymbol{y}$，即

$$\begin{pmatrix} 1 & & & \\ l_{21} & 1 & & \\ \vdots & \vdots & \ddots & \\ l_{n1} & l_{n2} & \cdots & 1 \end{pmatrix}\begin{pmatrix} y_1 \\ y_2 \\ \vdots \\ y_n \end{pmatrix}=\begin{pmatrix} b_1 \\ b_2 \\ \vdots \\ b_n \end{pmatrix}, \tag{3.17}$$

$$\begin{pmatrix} u_{11} & u_{12} & \cdots & u_{1n} \\ & u_{22} & \cdots & u_{2n} \\ & & \ddots & \vdots \\ & & & u_{nn} \end{pmatrix}\begin{pmatrix} x_1 \\ x_2 \\ \vdots \\ x_n \end{pmatrix}=\begin{pmatrix} y_1 \\ y_2 \\ \vdots \\ y_n \end{pmatrix}. \tag{3.18}$$

用前推算法和回代算法，易求得这两个三角形方程组的解分别为

$$\begin{cases} y_1 = b_1, \\ y_k = b_k - \sum\limits_{j=1}^{k-1} l_{kj}y_j \quad (k=2,3,\cdots,n), \end{cases} \tag{3.19}$$

$$\begin{cases} x_n = \dfrac{y_n}{u_{nn}}, \\ x_k = \dfrac{1}{u_{kk}}\Big(y_k - \sum\limits_{j=k+1}^{n} u_{kj}x_j\Big) \quad (k=n-1,n-2,\cdots,1). \end{cases} \tag{3.20}$$

从而得到原方程组的解 $\boldsymbol{x}=(x_1,x_2,\cdots,x_n)^{\mathrm{T}}$.

下面从矩阵乘法出发，推导 Doolittle 分解的具体计算公式.设 $\boldsymbol{A}=\boldsymbol{L}\boldsymbol{U}$，即

$$\begin{pmatrix} a_{11} & a_{12} & \cdots & a_{1n} \\ a_{21} & a_{22} & \cdots & a_{2n} \\ \vdots & \vdots & & \vdots \\ a_{n1} & a_{n2} & \cdots & a_{nn} \end{pmatrix}=\begin{pmatrix} 1 & & & \\ l_{21} & 1 & & \\ \vdots & \vdots & \ddots & \\ l_{n1} & l_{n2} & \cdots & 1 \end{pmatrix}\begin{pmatrix} u_{11} & u_{12} & \cdots & u_{1n} \\ & u_{22} & \cdots & u_{2n} \\ & & \ddots & \vdots \\ & & & u_{nn} \end{pmatrix}. \tag{3.21}$$

第 1 步：根据矩阵乘法规则，对 **A** 的第 1 行元素和第 1 列元素有

$$\begin{cases} a_{1j} = u_{1j} & (j = 1,2,\cdots,n), \\ a_{i1} = l_{i1} \cdot u_{11} & (i = 2,3,\cdots,n). \end{cases} \tag{3.22}$$

所以矩阵 **U** 的第 1 行和矩阵 **L** 的第 1 列的元素分别为

$$\begin{cases} u_{1j} = a_{1j} & (j = 1,2,\cdots,n), \\ l_{i1} = \dfrac{a_{i1}}{u_{11}} & (i = 2,3,\cdots,n). \end{cases} \tag{3.23}$$

一般地，设矩阵 **U** 的前 $k-1$ 行和矩阵 **L** 的前 $k-1$ 列元素已经求出.

第 k 步：由矩阵乘法，让第 k 行元素、第 k 列元素对应相等，得

$$\begin{cases} a_{kj} = \sum\limits_{m=1}^{k-1} l_{km}u_{mj} + u_{kj} & (j = k,k+1,\cdots,n), \\ a_{ik} = \sum\limits_{m=1}^{k-1} l_{im}u_{mk} + l_{ik}u_{kk} & (i = k+1,k+2,\cdots,n), \end{cases} \tag{3.24}$$

于是求得矩阵 **U** 的第 k 行和矩阵 **L** 的第 k 列元素为

$$\begin{cases} u_{kj} = a_{kj} - \sum\limits_{m=1}^{k-1} l_{km}u_{mj} & (j = k,k+1,\cdots,n), \\ l_{ik} = \dfrac{1}{u_{kk}}\left(a_{ik} - \sum\limits_{m=1}^{k-1} l_{im}u_{mk}\right) & (i = k+1,k+2,\cdots,n) \end{cases} \quad (k = 2,3,\cdots,n). \tag{3.25}$$

式(3.23)和式(3.25)就是矩阵 **A** 的 Doolittle 分解的计算公式，其计算特点是：**U** 和 **L** 的元素一行一列交叉进行，先求矩阵 **U** 的行元素，再求矩阵 **L** 的列元素，如图 3.1 所示的逐框进行.

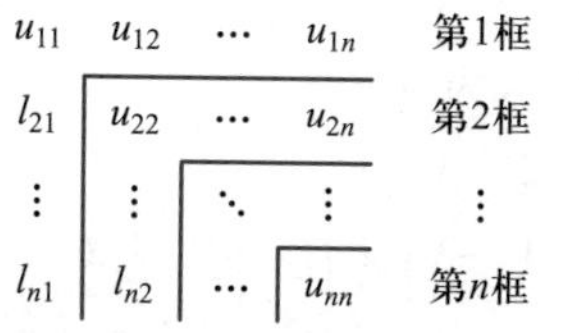

图 3.1 Doolittle 分解计算次序

如果每步将计算结果 u_{kj} 和 l_{ik} 仍然存放在矩阵 **A** 的相应元素 a_{kj} 和 a_{ik} 所占的单元上，不再占用新的单元，这种存贮形式称为紧凑格式. 比较式(3.19)和式(3.25)的第一个公式，可以看出，y_i 和 u_{kj} 的计算方法完全一致，因此实际按紧凑格式计算时，无需对线性方程组的右端向量进行单独处理，只需直接对增广矩阵进行分解即可. 以四阶矩阵为例，可表示如下：

$$
\begin{pmatrix} a_{11} & a_{12} & a_{13} & a_{14} & b_1 \\ a_{21} & a_{22} & a_{23} & a_{24} & b_2 \\ a_{31} & a_{32} & a_{33} & a_{34} & b_3 \\ a_{41} & a_{42} & a_{43} & a_{44} & b_4 \end{pmatrix} \to \begin{pmatrix} u_{11} & u_{12} & u_{13} & u_{14} & y_1 \\ l_{21} & u_{22} & u_{23} & u_{24} & y_2 \\ l_{31} & l_{32} & u_{33} & u_{34} & y_3 \\ l_{41} & l_{42} & l_{43} & u_{44} & y_4 \end{pmatrix}.
$$

例 3.2 用直接三角分解法解线性方程组

$$
\begin{cases} x_1 + x_2 + 2x_3 + 3x_4 = 3, \\ \quad\ \ 2x_2 + x_3 + 2x_4 = 1, \\ x_1 - x_2 + 2x_3 + 2x_4 = 3, \\ 2x_1 + 2x_2 + 5x_3 + 9x_4 = 7. \end{cases}
$$

解 系数矩阵 $\boldsymbol{A} = \begin{pmatrix} 1 & 1 & 2 & 3 \\ 0 & 2 & 1 & 2 \\ 1 & -1 & 2 & 2 \\ 2 & 2 & 5 & 9 \end{pmatrix}$ 的 Doolittle 分解中的矩阵 $\boldsymbol{L}$ 和 $\boldsymbol{U}$ 分别为

$$
\boldsymbol{L} = \begin{pmatrix} 1 & 0 & 0 & 0 \\ 0 & 1 & 0 & 0 \\ 1 & -1 & 1 & 0 \\ 2 & 0 & 1 & 1 \end{pmatrix}, \quad \boldsymbol{U} = \begin{pmatrix} 1 & 1 & 2 & 3 \\ 0 & 2 & 1 & 2 \\ 0 & 0 & 1 & 1 \\ 0 & 0 & 0 & 2 \end{pmatrix}.
$$

由 $\boldsymbol{Ly} = \begin{pmatrix} 3 \\ 1 \\ 3 \\ 7 \end{pmatrix}$ 解得 $\boldsymbol{y} = \begin{pmatrix} 3 \\ 1 \\ 1 \\ 0 \end{pmatrix}$，再由 $\boldsymbol{Ux} = \begin{pmatrix} 3 \\ 1 \\ 1 \\ 0 \end{pmatrix}$ 解得 $\boldsymbol{x} = \begin{pmatrix} 1 \\ 0 \\ 1 \\ 0 \end{pmatrix}$.

求解过程用紧凑格式表示为

$$
\left(\begin{array}{cccc|c} 1 & 1 & 2 & 3 & 3 \\ 0 & 2 & 1 & 2 & 1 \\ 1 & -1 & 2 & 2 & 3 \\ 2 & 2 & 5 & 9 & 7 \end{array}\right) \to \left(\begin{array}{cccc|c} 1 & 1 & 2 & 3 & 3 \\ 0 & 2 & 1 & 2 & 1 \\ 1 & -1 & 1 & 1 & 1 \\ 2 & 0 & 1 & 2 & 0 \end{array}\right).
$$

式中，第二个增广矩阵的最后一列是由前推公式(3.19)计算得到的向量 $\boldsymbol{y}$，再由回代公式(3.20)求得所给方程组的解

$$
x_4 = \frac{0}{2} = 0, \quad x_3 = 1 - x_4 = 1, \quad x_2 = \frac{1}{2}(1 - 2x_4 - x_3) = 0,
$$

$$
x_1 = 3 - 3x_4 - 2x_3 - x_2 = 1.
$$

实际应用中，对阶数较高的线性方程组也应该用选主元的三角分解法求解，

以确保计算结果的可靠性,具体求解过程见文献[6].

三、平方根法

许多实际问题对应的线性方程组的系数矩阵往往是对称正定的,对于这种特殊类型的线性方程组可建立计算量更小的三角分解法.

定义 3.2 设 $\boldsymbol{A}$ 是 n 阶($n\geqslant 2$)对称正定矩阵,称 $\boldsymbol{A}=\boldsymbol{L}\boldsymbol{L}^{\mathrm{T}}$ 为矩阵 $\boldsymbol{A}$ 的 **Cholesky(楚列斯基)分解**,其中 $\boldsymbol{L}$ 是非奇异的下三角形矩阵.

定理 3.2[27] n 阶($n\geqslant 2$)对称正定矩阵 $\boldsymbol{A}$ 一定有 Cholesky 分解 $\boldsymbol{A}=\boldsymbol{L}\boldsymbol{L}^{\mathrm{T}}$.当限定 $\boldsymbol{L}$ 的对角元全为正时,该分解是唯一的.

Cholesky 分解的计算与 Doolittle 分解类似,都是基于矩阵乘法的规则.由 $\boldsymbol{A}=\boldsymbol{L}\boldsymbol{L}^{\mathrm{T}}$ 知

$$\begin{pmatrix} a_{11} & a_{12} & \cdots & a_{1n} \\ a_{21} & a_{22} & \cdots & a_{2n} \\ \vdots & \vdots & & \vdots \\ a_{n1} & a_{n2} & \cdots & a_{nn} \end{pmatrix} = \begin{pmatrix} l_{11} & & & \\ l_{21} & l_{22} & & \\ \vdots & \vdots & \ddots & \\ l_{n1} & l_{n2} & \cdots & l_{nn} \end{pmatrix} \begin{pmatrix} l_{11} & l_{21} & \cdots & l_{n1} \\ & l_{22} & \cdots & l_{n2} \\ & & \ddots & \vdots \\ & & & l_{nn} \end{pmatrix}. \tag{3.26}$$

第 1 步:由矩阵乘法知 $a_{11}=l_{11}^2, a_{i1}=l_{i1}\cdot l_{11}$,进而求得

$$l_{11}=\sqrt{a_{11}}, \quad l_{i1}=\frac{a_{i1}}{l_{11}} \quad (i=2,3,\cdots,n). \tag{3.27}$$

一般地,设矩阵 $\boldsymbol{L}$ 的前 $k-1$ 列元素已经求出.

第 k 步:由矩阵乘法知

$$a_{kk}=\sum_{m=1}^{k-1} l_{km}^2+l_{kk}^2, \quad a_{ik}=\sum_{m=1}^{k-1} l_{im}l_{km}+l_{ik}l_{kk} \quad (i=k+1,k+2,\cdots,n), \tag{3.28}$$

于是

$$\begin{cases} l_{kk}=\sqrt{a_{kk}-\displaystyle\sum_{m=1}^{k-1} l_{km}^2}, \\ l_{ik}=\dfrac{1}{l_{kk}}\left(a_{ik}-\displaystyle\sum_{m=1}^{k-1} l_{im}l_{km}\right) \quad (i=k+1,k+2,\cdots,n) \end{cases} \quad (k=2,3,\cdots,n). \tag{3.29}$$

式(3.27)和式(3.29)就是对称正定矩阵 $\boldsymbol{A}$ 的 Cholesky 分解计算公式.由于分解公式中有开方运算,故也称 Cholesky 分解法为**平方根法**.

例 3.3 用平方根法求解线性方程组

$$\begin{pmatrix} 4 & 1 & -1 & 0 \\ 1 & 3 & -1 & 0 \\ -1 & -1 & 5 & 2 \\ 0 & 0 & 2 & 4 \end{pmatrix}\begin{pmatrix} x_1 \\ x_2 \\ x_3 \\ x_4 \end{pmatrix} = \begin{pmatrix} 7 \\ 8 \\ -4 \\ 6 \end{pmatrix}.$$

解 由 Cholesky 分解可得

$$\begin{pmatrix} 4 & 1 & -1 & 0 \\ 1 & 3 & -1 & 0 \\ -1 & -1 & 5 & 2 \\ 0 & 0 & 2 & 4 \end{pmatrix}$$

$$= \begin{pmatrix} 2 & 0 & 0 & 0 \\ \frac{1}{2} & \frac{\sqrt{11}}{2} & 0 & 0 \\ -\frac{1}{2} & -\frac{3}{2\sqrt{11}} & 5\sqrt{\frac{2}{11}} & 0 \\ 0 & 0 & \frac{\sqrt{22}}{5} & \frac{\sqrt{78}}{5} \end{pmatrix}\begin{pmatrix} 2 & \frac{1}{2} & -\frac{1}{2} & 0 \\ 0 & \frac{\sqrt{11}}{2} & -\frac{3}{2\sqrt{11}} & 0 \\ 0 & 0 & 5\sqrt{\frac{2}{11}} & \frac{\sqrt{22}}{5} \\ 0 & 0 & 0 & \frac{\sqrt{78}}{5} \end{pmatrix}.$$

求解下三角形方程组

$$\begin{pmatrix} 2 & 0 & 0 & 0 \\ \frac{1}{2} & \frac{\sqrt{11}}{2} & 0 & 0 \\ -\frac{1}{2} & -\frac{3}{2\sqrt{11}} & 5\sqrt{\frac{2}{11}} & 0 \\ 0 & 0 & \frac{\sqrt{22}}{5} & \frac{\sqrt{78}}{5} \end{pmatrix}\begin{pmatrix} y_1 \\ y_2 \\ y_3 \\ y_4 \end{pmatrix} = \begin{pmatrix} 7 \\ 8 \\ -4 \\ 6 \end{pmatrix},$$

得$(y_1, y_2, y_3, y_4)^{\mathrm{T}} = \left(\frac{7}{2}, \frac{25}{2\sqrt{11}}, -\frac{6}{5\sqrt{22}}, \frac{2\sqrt{78}}{5}\right)^{\mathrm{T}}$，再求解上三角形方程组

$$
\begin{pmatrix} 2 & \frac{1}{2} & -\frac{1}{2} & 0 \\ 0 & \frac{\sqrt{11}}{2} & -\frac{3}{2\sqrt{11}} & 0 \\ 0 & 0 & 5\sqrt{\frac{2}{11}} & \frac{\sqrt{22}}{5} \\ 0 & 0 & 0 & \frac{\sqrt{78}}{5} \end{pmatrix} \begin{pmatrix} x_1 \\ x_2 \\ x_3 \\ x_4 \end{pmatrix} = \begin{pmatrix} \frac{7}{2} \\ \frac{25}{2\sqrt{11}} \\ -\frac{6}{5\sqrt{22}} \\ \frac{2\sqrt{78}}{5} \end{pmatrix},
$$

得 $(x_1,x_2,x_3,x_4)^{\mathrm{T}}=(1,2,-1,2)^{\mathrm{T}}$.

四、解三对角方程组的追赶法

在二阶常微分方程边值问题、热传导问题以及三次样条插值等问题的求解中，经常要求解系数矩阵严格对角占优的三对角线性方程组 $\boldsymbol{Ax}=\boldsymbol{d}$，即

$$
\begin{pmatrix} b_1 & c_1 & & & \\ a_2 & b_2 & c_2 & & \\ & \ddots & \ddots & \ddots & \\ & & a_{n-1} & b_{n-1} & c_{n-1} \\ & & & a_n & b_n \end{pmatrix} \begin{pmatrix} x_1 \\ x_2 \\ \vdots \\ x_{n-1} \\ x_n \end{pmatrix} = \begin{pmatrix} d_1 \\ d_2 \\ \vdots \\ d_{n-1} \\ d_n \end{pmatrix}. \tag{3.30}
$$

其系数矩阵 $\boldsymbol{A}$ 是严格对角占优的，即

$$
\begin{cases} |b_1| > |c_1|, \\ |b_i| > |a_i| + |c_i| \quad (i=2,3,\cdots,n-1), \\ |b_n| > |a_n|. \end{cases} \tag{3.31}
$$

根据线性代数理论，当矩阵 $\boldsymbol{A}$ 严格对角占优时，其各阶顺序主子式必不为零，故线性方程组(3.30)的系数矩阵 $\boldsymbol{A}$ 必有唯一的 Doolittle 分解. 由于矩阵 $\boldsymbol{A}$ 的三对角特点，矩阵 $\boldsymbol{A}$ 有如下更特殊的三角分解形式

$$
\begin{pmatrix} b_1 & c_1 & & & \\ a_2 & b_2 & c_2 & & \\ & \ddots & \ddots & \ddots & \\ & & a_{n-1} & b_{n-1} & c_{n-1} \\ & & & a_n & b_n \end{pmatrix} = \begin{pmatrix} 1 & & & & \\ l_2 & 1 & & & \\ & \ddots & \ddots & & \\ & & l_{n-1} & 1 & \\ & & & l_n & 1 \end{pmatrix} \begin{pmatrix} u_1 & c_1 & & & \\ & u_2 & c_2 & & \\ & & \ddots & \ddots & \\ & & & u_{n-1} & c_{n-1} \\ & & & & u_n \end{pmatrix}. \tag{3.32}
$$

按照矩阵乘法，由式(3.32)可得如下三角分解公式

$$\begin{cases} u_1 = b_1, \\ l_i = \dfrac{a_i}{u_{i-1}}, \\ u_i = b_i - l_i c_{i-1} \quad (i = 2,3,\cdots,n). \end{cases} \tag{3.33}$$

这样,求解方程组 $\boldsymbol{Ax}=\boldsymbol{d}$ 就转化为求解两个三对角方程组 $\boldsymbol{Ly}=\boldsymbol{d}$ 和 $\boldsymbol{Ux}=\boldsymbol{y}$,其计算公式为

$$\begin{cases} y_1 = d_1, \\ y_i = d_i - l_i y_{i-1} \quad (i = 2,3,\cdots,n), \end{cases} \tag{3.34}$$

$$\begin{cases} x_n = \dfrac{y_n}{u_n}, \\ x_i = \dfrac{1}{u_i}(y_i - c_i x_{i+1}) \quad (i = n-1, n-2, \cdots, 1). \end{cases} \tag{3.35}$$

计算过程(3.33)~(3.35)称为解三对角方程组(3.32)的**追赶法**或 **Thomas(托马斯)方法**.

§ 3.4 解线性方程组的迭代法

本节介绍求解线性代数方程组的迭代法.首先给出向量范数和矩阵范数的概念.

一、向量与矩阵的范数

定义 3.3 设定义在 n 维向量空间 $\mathbf{R}^n$ 上的非负实值函数 $\|\cdot\|$ 满足

(1) 正定性:$\|\boldsymbol{x}\| \geqslant 0, \forall \boldsymbol{x} \in \mathbf{R}^n$;当且仅当 $\boldsymbol{x}=\boldsymbol{0}$ 时,$\|\boldsymbol{x}\|=0$;

(2) 齐次性:$\|\alpha\boldsymbol{x}\| = |\alpha| \|\boldsymbol{x}\|, \forall \boldsymbol{x} \in \mathbf{R}^n, \alpha \in \mathbf{R}$;

(3) 三角不等式:$\|\boldsymbol{x}+\boldsymbol{y}\| \leqslant \|\boldsymbol{x}\| + \|\boldsymbol{y}\|, \forall \boldsymbol{x},\boldsymbol{y} \in \mathbf{R}^n$,

则称实值函数 $\|\cdot\|$ 为向量空间 $\mathbf{R}^n$ 上的一种**向量范数**.

对任意向量 $\boldsymbol{x}=(x_1,x_2,\cdots,x_n)^{\mathrm{T}} \in \mathbf{R}^n$,分别定义如下实值函数:

$$\|\boldsymbol{x}\|_1 = \sum_{i=1}^{n} |x_i|, \quad \|\boldsymbol{x}\|_2 = \sqrt{\sum_{i=1}^{n} x_i^2}, \quad \|\boldsymbol{x}\|_\infty = \max_{1 \leqslant i \leqslant n} |x_i|.$$

可以验证,它们分别都满足定义 3.3 的三个条件,因而都是向量范数,这是常用的三种向量范数,分别称为 **1 范数**,**2 范数**和 **∞ 范数**.

注记 向量范数完全可以推广到复向量空间.

定义 3.4 设 $\{\boldsymbol{x}^{(k)}\}_{k=0}^{+\infty}$ 是 $\mathbf{R}^n$ 中的向量序列,若有向量 $\boldsymbol{x}^* \in \mathbf{R}^n$,使

$$\lim_{k\to+\infty}\|\boldsymbol{x}^{(k)}-\boldsymbol{x}^*\|=0,$$

则称向量序列$\{\boldsymbol{x}^{(k)}\}_{k=0}^{+\infty}$收敛于向量$\boldsymbol{x}^*$,记为$\lim\limits_{k\to+\infty}\boldsymbol{x}^{(k)}=\boldsymbol{x}^*$.

定义 3.5 设定义在 n 阶实矩阵空间 $\mathbf{R}^{n\times n}$ 上的非负实值函数$\|\cdot\|$满足

(1) 正定性:$\|\boldsymbol{A}\|\geqslant 0,\forall \boldsymbol{A}\in\mathbf{R}^{n\times n}$;当且仅当$\boldsymbol{A}=\boldsymbol{O}$时,$\|\boldsymbol{A}\|=0$;

(2) 齐次性:$\|\alpha\boldsymbol{A}\|=|\alpha|\,\|\boldsymbol{A}\|,\forall \boldsymbol{A}\in\mathbf{R}^{n\times n},\alpha\in\mathbf{R}$;

(3) 三角不等式:$\|\boldsymbol{A}+\boldsymbol{B}\|\leqslant\|\boldsymbol{A}\|+\|\boldsymbol{B}\|,\ \forall \boldsymbol{A},\boldsymbol{B}\in\mathbf{R}^{n\times n}$;

(4) 自相容性:$\|\boldsymbol{AB}\|\leqslant\|\boldsymbol{A}\|\,\|\boldsymbol{B}\|,\forall \boldsymbol{A},\boldsymbol{B}\in\mathbf{R}^{n\times n}$,

则称实值函数$\|\cdot\|$为$\mathbf{R}^{n\times n}$上的一种矩阵范数.

设$\boldsymbol{A}=(a_{ij})_{n\times n}$,常用的矩阵范数有

$$\|\boldsymbol{A}\|_1=\max_{1\leqslant j\leqslant n}\sum_{i=1}^{n}|a_{ij}|\quad(\textbf{列范数}),\qquad \|\boldsymbol{A}\|_\infty=\max_{1\leqslant i\leqslant n}\sum_{j=1}^{n}|a_{ij}|\quad(\textbf{行范数}),$$

$$\|\boldsymbol{A}\|_2=\sqrt{\lambda_{\max}(\boldsymbol{A}^{\mathrm{T}}\boldsymbol{A})}\quad(\textbf{谱范数}),\qquad \|\boldsymbol{A}\|_{\mathrm{F}}=\sqrt{\sum_{i=1}^{n}\sum_{j=1}^{n}a_{ij}^2}\quad(\textbf{F 范数}).$$

定义 3.6 设 n 阶矩阵 $\boldsymbol{B}$ 在复数范围内的诸特征值为$\lambda_i(i=1,2,\cdots,n)$,则称$\rho(\boldsymbol{B})=\max\limits_{1\leqslant i\leqslant n}|\lambda_i|$为矩阵 $\boldsymbol{B}$ 的**谱半径**.

定理 3.3 对任意矩阵$\boldsymbol{B}\in\mathbf{R}^{n\times n}$,有$\rho(\boldsymbol{B})\leqslant\|\boldsymbol{B}\|$,其中$\|\cdot\|$是$\mathbf{R}^{n\times n}$上的任何一种矩阵范数.

证明 设 λ 是 $\boldsymbol{B}$ 的任一特征值,$\boldsymbol{x}\neq\mathbf{0}$是相应的特征向量,则

$$\boldsymbol{Bx}=\lambda\boldsymbol{x}.$$

显然有向量$\boldsymbol{y}\in\mathbf{R}^n$,使$\boldsymbol{xy}^{\mathrm{T}}$为非零矩阵.用$\boldsymbol{y}^{\mathrm{T}}$右乘上式得

$$\boldsymbol{Bxy}^{\mathrm{T}}=\lambda\boldsymbol{xy}^{\mathrm{T}}.$$

由矩阵范数定义,$|\lambda|\,\|\boldsymbol{xy}^{\mathrm{T}}\|\leqslant\|\boldsymbol{B}\|\cdot\|\boldsymbol{xy}^{\mathrm{T}}\|$,由此得$|\lambda|\leqslant\|\boldsymbol{B}\|$.因 λ 是 $\boldsymbol{B}$ 的任一特征值,故有$\rho(\boldsymbol{B})\leqslant\|\boldsymbol{B}\|$.

二、迭代法的基本思想及简单迭代法

重点精讲

3.3 简单迭代法

设有 n 阶线性方程组

$$\boldsymbol{Ax}=\boldsymbol{b},\tag{3.36}$$

其中系数矩阵 $\boldsymbol{A}$ 非奇异,向量$\boldsymbol{b}\neq\mathbf{0}$,方程组(3.36)有唯一解$\boldsymbol{x}^*$.将方程组(3.36)等价变形为

$$\boldsymbol{x}=\boldsymbol{Bx}+\boldsymbol{g},\tag{3.37}$$

并定义迭代格式

$$\boldsymbol{x}^{(k+1)}=\boldsymbol{Bx}^{(k)}+\boldsymbol{g}\quad(k=0,1,\cdots).\tag{3.38}$$

当取定初始向量$\boldsymbol{x}^{(0)}\in\mathbf{R}^n$后,式(3.38)便产生一个向量序列$\{\boldsymbol{x}^{(k)}\}_{k=0}^{+\infty}$,若它收敛

于某向量 $\boldsymbol{x}^*$，则 $\boldsymbol{x}^*$ 一定是(3.37)的解，当然也是原方程组(3.36)的解.称形如(3.38)的迭代法为**简单迭代法**，并称 $\boldsymbol{B}$ 为该简单迭代法的**迭代矩阵**.

显然，方程组 $\boldsymbol{Ax}=\boldsymbol{b}$ 的等价形式(3.37)不唯一，因而可建立不同的简单迭代法，对相同的初始向量 $\boldsymbol{x}^{(0)}$，产生的向量序列就会不同，有的可能收敛，有的可能不收敛.当收敛时，只要 k 充分大，就可以将 $\boldsymbol{x}^{(k+1)}$ 作为方程组的近似解.

另外，对同一简单迭代法(3.38)，可能关于某个初始向量 $\boldsymbol{x}^{(0)}$ 产生的序列收敛，而关于另外一个初始向量产生的序列又不收敛.在本节讨论中，只有关于任意初始向量 $\boldsymbol{x}^{(0)}$ 都收敛时，我们才称迭代法收敛.

定理 3.4 简单迭代法 $\boldsymbol{x}^{(k+1)}=\boldsymbol{Bx}^{(k)}+\boldsymbol{g}(k=0,1,2,\cdots)$ 对任意初始向量 $\boldsymbol{x}^{(0)}$ 都收敛到式(3.37)的唯一解 $\boldsymbol{x}^*$ 的充要条件是 $\lim\limits_{k\to+\infty}\boldsymbol{B}^k=\boldsymbol{O}$.

证明 因 $\boldsymbol{x}^*$ 是方程组(3.37)的唯一解向量，即

$$\boldsymbol{x}^*=\boldsymbol{Bx}^*+\boldsymbol{g}, \tag{3.39}$$

而由迭代格式，有

$$\boldsymbol{x}^{(k)}=\boldsymbol{Bx}^{(k-1)}+\boldsymbol{g}\quad(k=1,2,\cdots), \tag{3.40}$$

将式(3.40)与式(3.39)相减得

$$\begin{aligned}\boldsymbol{x}^{(k)}-\boldsymbol{x}^* &= \boldsymbol{B}(\boldsymbol{x}^{(k-1)}-\boldsymbol{x}^*)=\boldsymbol{B}^2(\boldsymbol{x}^{(k-2)}-\boldsymbol{x}^*)\\ &=\cdots=\boldsymbol{B}^k(\boldsymbol{x}^{(0)}-\boldsymbol{x}^*).\end{aligned} \tag{3.41}$$

若 $\lim\limits_{k\to+\infty}\boldsymbol{B}^k=\boldsymbol{O}$，由式(3.41)知，对任意初始向量 $\boldsymbol{x}^{(0)}$ 有 $\lim\limits_{k\to+\infty}\boldsymbol{x}^{(k)}=\boldsymbol{x}^*$，充分性得证.

若对任意初始向量 $\boldsymbol{x}^{(0)}$ 有 $\lim\limits_{k\to+\infty}\boldsymbol{x}^{(k)}=\boldsymbol{x}^*$ 成立，结合式(3.41)得 $\lim\limits_{k\to+\infty}\boldsymbol{B}^k(\boldsymbol{x}^{(0)}-\boldsymbol{x}^*)=\boldsymbol{0}$，特别地，取 $\boldsymbol{x}^{(0)}=\boldsymbol{x}^*+\boldsymbol{e}_i$，有 $\lim\limits_{k\to+\infty}\boldsymbol{B}^k\boldsymbol{e}_i=\boldsymbol{0}$，即当 k 趋于无穷时矩阵 $\boldsymbol{B}^k$ 的第 i 列的极限为零向量，这里 $\boldsymbol{e}_i(i=1,2,\cdots,n)$ 是第 i 分量为 1，其余分量为 0 的 n 维列向量.于是有 $\lim\limits_{k\to+\infty}\boldsymbol{B}^k=\boldsymbol{O}$，必要性得证.

定理 3.5[18] 简单迭代法 $\boldsymbol{x}^{(k+1)}=\boldsymbol{Bx}^{(k)}+\boldsymbol{g}(k=0,1,2,\cdots)$ 对任意初始向量 $\boldsymbol{x}^{(0)}$ 都收敛的充要条件是迭代矩阵的谱半径 $\rho(\boldsymbol{B})<1$.

结合定理 3.3 及定理 3.5，可得关于收敛性判定的如下充分条件.

定理 3.6 设简单迭代法 $\boldsymbol{x}^{(k+1)}=\boldsymbol{Bx}^{(k)}+\boldsymbol{g}(k=0,1,2,\cdots)$ 的迭代矩阵 $\boldsymbol{B}$ 的某种矩阵范数小于 1，即有 $\|\boldsymbol{B}\|<1$，则该简单迭代法关于任意初始向量 $\boldsymbol{x}^{(0)}$ 收敛.

矩阵范数 $\|\boldsymbol{B}\|_1$ 和 $\|\boldsymbol{B}\|_\infty$ 容易计算，故实践中常用条件 $\|\boldsymbol{B}\|_1<1$ 或 $\|\boldsymbol{B}\|_\infty<1$ 来判定简单迭代法的收敛性.

下面介绍三种最常用的简单迭代法：Jacobi 迭代法、Gauss-Seidel 迭代法以及逐次超松弛迭代法.

三、Jacobi 迭代法

设 n 阶线性方程组(3.1)的系数矩阵 $\boldsymbol{A}$ 非奇异，且 $a_{ii}\neq0(i=1,2,\cdots,n)$，将

重点精讲

3.4 Jacobi 迭代法

方程组(3.1)改写成

$$\begin{cases} x_1 = (b_1 - a_{12}x_2 - a_{13}x_3 - \cdots - a_{1n}x_n)/a_{11}, \\ x_2 = (b_2 - a_{21}x_1 - a_{23}x_3 - \cdots - a_{2n}x_n)/a_{22}, \\ \cdots\cdots\cdots\cdots \\ x_n = (b_n - a_{n1}x_1 - a_{n2}x_2 - \cdots - a_{n,n-1}x_{n-1})/a_{nn}, \end{cases} \tag{3.42}$$

进而可写出简单迭代法

$$\begin{cases} x_1^{(k+1)} = (b_1 - a_{12}x_2^{(k)} - a_{13}x_3^{(k)} - \cdots - a_{1n}x_n^{(k)})/a_{11}, \\ x_2^{(k+1)} = (b_2 - a_{21}x_1^{(k)} - a_{23}x_3^{(k)} - \cdots - a_{2n}x_n^{(k)})/a_{22}, \\ \cdots\cdots\cdots\cdots \\ x_n^{(k+1)} = (b_n - a_{n1}x_1^{(k)} - a_{n2}x_2^{(k)} - \cdots - a_{n,n-1}x_{n-1}^{(k)})/a_{nn}. \end{cases} \tag{3.43}$$

称式(3.43)为求解线性方程组(3.1)的 **Jacobi 迭代法**.Jacobi 迭代法的迭代矩阵 $\boldsymbol{B}_{\mathrm{J}}$ 和常数向量 $\boldsymbol{g}_{\mathrm{J}}$ 用矩阵表示为

$$\boldsymbol{B}_{\mathrm{J}} = \begin{pmatrix} 0 & -\dfrac{a_{12}}{a_{11}} & \cdots & -\dfrac{a_{1n}}{a_{11}} \\ -\dfrac{a_{21}}{a_{22}} & 0 & \cdots & -\dfrac{a_{2n}}{a_{22}} \\ \vdots & \vdots & & \vdots \\ -\dfrac{a_{n1}}{a_{nn}} & -\dfrac{a_{n2}}{a_{nn}} & \cdots & 0 \end{pmatrix} = -\boldsymbol{D}^{-1}(\boldsymbol{L}+\boldsymbol{U}), \quad \boldsymbol{g}_{\mathrm{J}} = \begin{pmatrix} \dfrac{b_1}{a_{11}} \\ \dfrac{b_2}{a_{22}} \\ \vdots \\ \dfrac{b_n}{a_{nn}} \end{pmatrix} = \boldsymbol{D}^{-1}\boldsymbol{b}, \tag{3.44}$$

式中

$$\boldsymbol{L} = \begin{pmatrix} 0 & & & \\ a_{21} & 0 & & \\ \vdots & \vdots & \ddots & \\ a_{n1} & a_{n2} & \cdots & 0 \end{pmatrix}, \quad \boldsymbol{D} = \begin{pmatrix} a_{11} & & & \\ & a_{22} & & \\ & & \ddots & \\ & & & a_{nn} \end{pmatrix}, \quad \boldsymbol{U} = \begin{pmatrix} 0 & a_{12} & \cdots & a_{1n} \\ & 0 & \cdots & a_{2n} \\ & & \ddots & \vdots \\ & & & 0 \end{pmatrix}.$$

根据定理 3.5 和定理 3.6,Jacobi 迭代法关于任意初始向量 $\boldsymbol{x}^{(0)}$ 都收敛的充要条件是 $\rho(\boldsymbol{B}_{\mathrm{J}})<1$, $\|\boldsymbol{B}_{\mathrm{J}}\|<1$ 是 Jacobi 迭代法关于任意初始向量 $\boldsymbol{x}^{(0)}$ 都收敛的充分条件.另外还可给出如下充分条件.

定理 3.7　设系数矩阵 $\boldsymbol{A}=(a_{ij})_{n\times n}$ 严格对角占优,即

$$|a_{ii}| > \sum_{\substack{j=1 \\ j\neq i}}^{n} |a_{ij}| \quad (i=1,2,\cdots,n) \quad (\text{按行严格对角占优}) \tag{3.45}$$

或者

$$|a_{jj}| > \sum_{\substack{i=1\\i\neq j}}^{n} |a_{ij}| \quad (j=1,2,\cdots,n) \quad (\text{按列严格对角占优}) \tag{3.46}$$

成立,则求解 $\boldsymbol{Ax}=\boldsymbol{b}$ 的 Jacobi 迭代法关于任意初始向量 $\boldsymbol{x}^{(0)}$ 收敛.

证明 $\boldsymbol{B}_{\mathrm{J}}=-\boldsymbol{D}^{-1}(\boldsymbol{L}+\boldsymbol{U})$.

设 λ 为 $\boldsymbol{B}_{\mathrm{J}}$ 的任一特征值,则有

$$\begin{aligned}\det(\lambda \boldsymbol{I}-\boldsymbol{B}_{\mathrm{J}}) &= \det(\lambda \boldsymbol{I}+\boldsymbol{D}^{-1}(\boldsymbol{L}+\boldsymbol{U}))\\ &= \det(\boldsymbol{D}^{-1})\det(\lambda \boldsymbol{D}+\boldsymbol{L}+\boldsymbol{U})=0.\end{aligned} \tag{3.47}$$

由 $\det \boldsymbol{D}^{-1}\neq 0$ 知,

$$\det(\lambda \boldsymbol{D}+\boldsymbol{L}+\boldsymbol{U})=0. \tag{3.48}$$

而

$$\lambda \boldsymbol{D}+\boldsymbol{L}+\boldsymbol{U}=\begin{pmatrix}\lambda a_{11} & a_{12} & \cdots & a_{1n}\\ a_{21} & \lambda a_{22} & \cdots & a_{2n}\\ \vdots & \vdots & & \vdots\\ a_{n1} & a_{n2} & \cdots & \lambda a_{nn}\end{pmatrix}. \tag{3.49}$$

假设 $|\lambda|\geqslant 1$,则由(3.45)可得

$$|\lambda a_{ii}| > |a_{ii}| > \sum_{\substack{j=1\\j\neq i}}^{n} |a_{ij}| \quad (i=1,2,\cdots,n),$$

或由(3.46)可得

$$|\lambda a_{jj}| > |a_{jj}| > \sum_{\substack{i=1\\i\neq j}}^{n} |a_{ij}| \quad (j=1,2,\cdots,n),$$

即 $\lambda\boldsymbol{D}+\boldsymbol{L}+\boldsymbol{U}$ 按行或按列严格对角占优,所以 $\det(\lambda\boldsymbol{D}+\boldsymbol{L}+\boldsymbol{U})\neq 0$,这与(3.48)矛盾,因此,必有 $|\lambda|<1$.结合特征值的任意性,知 $\rho(\boldsymbol{B}_{\mathrm{J}})<1$,定理得证.

关于迭代法的误差控制,设 ε 为允许的绝对误差限,可以通过检验

$$\|\boldsymbol{x}^{(k+1)}-\boldsymbol{x}^{(k)}\|_{\infty}=\max_{1\leqslant i\leqslant n}|x_i^{(k+1)}-x_i^{(k)}|<\varepsilon$$

是否成立,来决定是否终止迭代.理论依据可参阅参考文献[6].

算法 3.2 Jacobi 迭代法

输入:方程组系数矩阵 $\boldsymbol{A}$,维数 n,右端向量 $\boldsymbol{b}$,初始向量 $\boldsymbol{x}^{(0)}$,精度要求 ε,最大迭代次数 N.

输出:方程组的解向量 $\boldsymbol{x}$.

Step 1:令 $k=1$;

Step 2:对 $i=1,2,\cdots,n$,依次计算

$$x_i^{(1)} = \frac{1}{a_{ii}}\left(b_i - \sum_{\substack{j=1\\j\neq i}}^{n} a_{ij}x_j^{(0)}\right);$$

Step 3：若 $\max \mid x_i^{(1)} - x_i^{(0)} \mid < \varepsilon$，则输出 $\boldsymbol{x}^{(1)}$，算法结束；否则转 Step 4；

Step 4：若 $k<N$，则令 $k=k+1$，$\boldsymbol{x}^{(0)}=\boldsymbol{x}^{(1)}$，转 Step 2；否则迭代失败，算法结束.

例 3.4 用 Jacobi 迭代法求如下方程组的近似解 $\boldsymbol{x}^{(k+1)}$，要求先讨论收敛性，若收敛，取 $\boldsymbol{x}^{(0)}=(0,0,0)^{\mathrm{T}}$，迭代至 $\|\boldsymbol{x}^{(k+1)}-\boldsymbol{x}^{(k)}\|_\infty<10^{-3}$.

$$\begin{cases} 5x_1 - x_2 + x_3 = 10, \\ x_1 - 10x_2 - 2x_3 = 27, \\ -x_1 + 2x_2 + 10x_3 = 13. \end{cases}$$

解 由于系数矩阵按行严格对角占优，所以 Jacobi 迭代法收敛.

Jacobi 迭代格式为

$$\begin{cases} x_1^{(k+1)} = 0.2x_2^{(k)} - 0.2x_3^{(k)} + 2, \\ x_2^{(k+1)} = 0.1x_1^{(k)} - 0.2x_3^{(k)} - 2.7, \\ x_3^{(k+1)} = 0.1x_1^{(k)} - 0.2x_2^{(k)} + 1.3. \end{cases}$$

取 $\boldsymbol{x}^{(0)}=(0,0,0)^{\mathrm{T}}$，计算结果如表 3.1 所示.

表 3.1 Jacobi 迭代法的计算结果

k	$x_1^{(k)}$	$x_2^{(k)}$	$x_3^{(k)}$
1	2.000 000 0	−2.700 000 0	1.300 000 0
2	1.200 000 0	−2.760 000 0	2.040 000 0
3	1.040 000 0	−2.988 000 0	1.972 000 0
4	1.008 000 0	−2.990 400 0	2.001 600 0
5	1.001 600 0	−2.999 520 0	1.998 880 0
6	1.000 320 0	−2.999 616 0	2.000 064 0
7	1.000 064 0	−2.999 980 8	1.999 955 2

由于 $\max\limits_{1\leqslant i\leqslant 3} \mid x_i^{(7)} - x_i^{(6)} \mid < 10^{-3}$，故取 $\boldsymbol{x}^* \approx \boldsymbol{x}^{(7)} = (1.000\ 1, -3.000\ 0, 2.000\ 0)^{\mathrm{T}}$.

四、Gauss-Seidel 迭代法及 JGS 迭代法

如果简单迭代法（3.38）收敛，$x_i^{(k+1)}$ 应该比 $x_i^{(k)}$ 更接近于原方程组的解 x_i^*（$i=1,2,\cdots,n$），并且在计算第 i 个分量 $x_i^{(k+1)}$ 时，前面的 $i-1$ 个分量已经算

出，因而可以用新值 $x_1^{(k+1)},\cdots,x_{i-1}^{(k+1)}$ 来代替旧值 $x_1^{(k)},\cdots,x_{i-1}^{(k)}$，希望这样能提高迭代法的收敛速度.于是得到如下形式的迭代法

$$x_i^{(k+1)} = \sum_{j=1}^{i-1} b_{ij}x_j^{(k+1)} + \sum_{j=i}^{n} b_{ij}x_j^{(k)} + g_i \quad (i=1,2,\cdots,n), \tag{3.50}$$

称该迭代法为与简单迭代法(3.38)对应的 **Gauss-Seidel 迭代法**.

若将简单迭代法(3.38)的迭代矩阵 $\boldsymbol{B}=(b_{ij})_{n\times n}$ 分解为 $\boldsymbol{B}=\boldsymbol{B}_1+\boldsymbol{B}_2$，其中

$$\boldsymbol{B}_1=\begin{pmatrix} 0 & & & \\ b_{21} & 0 & & \\ \vdots & \vdots & \ddots & \\ b_{n1} & b_{n2} & \cdots & 0 \end{pmatrix}\quad \boldsymbol{B}_2=\begin{pmatrix} b_{11} & b_{12} & \cdots & b_{1n} \\ & b_{22} & \cdots & b_{2n} \\ & & \ddots & \vdots \\ & & & b_{nn} \end{pmatrix},$$

则简单迭代法(3.38)可写成

$$\boldsymbol{x}^{(k+1)} = \boldsymbol{B}_1\boldsymbol{x}^{(k)} + \boldsymbol{B}_2\boldsymbol{x}^{(k)} + \boldsymbol{g} \quad (k=0,1,2,\cdots), \tag{3.51}$$

对应的 Gauss-Seidel 迭代法为

$$\boldsymbol{x}^{(k+1)} = \boldsymbol{B}_1\boldsymbol{x}^{(k+1)} + \boldsymbol{B}_2\boldsymbol{x}^{(k)} + \boldsymbol{g} \quad (k=0,1,2,\cdots). \tag{3.52}$$

(3.52)等价于如下简单迭代法

$$\boldsymbol{x}^{(k+1)} = (\boldsymbol{I}-\boldsymbol{B}_1)^{-1}\boldsymbol{B}_2\boldsymbol{x}^{(k)} + (\boldsymbol{I}-\boldsymbol{B}_1)^{-1}\boldsymbol{g}. \tag{3.53}$$

Gauss-Seidel 迭代法的迭代矩阵为 $\boldsymbol{B}_{\mathrm{GS}}=(\boldsymbol{I}-\boldsymbol{B}_1)^{-1}\boldsymbol{B}_2$.这样就可以使用简单迭代法收敛性的各种判别方法来判别 Gauss-Seidel 迭代法的收敛性.下面再给出 Gauss-Seidel 迭代法收敛性的几个充分性判定定理.

定理 3.8 设简单迭代法(3.51)的迭代矩阵 $\boldsymbol{B}=\boldsymbol{B}_1+\boldsymbol{B}_2$ 满足 $\|\boldsymbol{B}\|_\infty<1$ 或 $\|\boldsymbol{B}\|_1<1$，则相应的 Gauss-Seidel 迭代法(3.52)关于任意初始向量都收敛.

证明 仅以 $\|\boldsymbol{B}\|_\infty=\max\limits_{1\leqslant i\leqslant n}\sum\limits_{j=1}^{n}|b_{ij}|<1$ 为例进行证明，将式(3.52)的第 i 个方程与 $\boldsymbol{x}=\boldsymbol{B}\boldsymbol{x}+\boldsymbol{g}$ 相应的方程相减，有

$$x_i^{(k+1)} - x_i = \sum_{j=1}^{i-1} b_{ij}(x_j^{(k+1)}-x_j) + \sum_{j=i}^{n} b_{ij}(x_j^{(k)}-x_j) \quad (i=1,2,\cdots,n).$$

记 $\delta_k=\max\limits_{1\leqslant i\leqslant n}|x_i^{(k)}-x_i|$，$\alpha_i=\sum\limits_{j=1}^{i-1}|b_{ij}|$，$\beta_i=\sum\limits_{j=i}^{n}|b_{ij}|$，则由上式得

$$\begin{aligned}|x_i^{(k+1)}-x_i| &\leqslant \sum_{j=1}^{i-1}|b_{ij}|\,|x_j^{(k+1)}-x_j| + \sum_{j=i}^{n}|b_{ij}|\,|x_j^{(k)}-x_j| \\ &\leqslant \delta_{k+1}\alpha_i + \delta_k\beta_i.\end{aligned} \tag{3.54}$$

设 $|x_{i_0}^{(k+1)}-x_{i_0}|=\delta_{k+1}$，由于式(3.54)对 $i=1,2,\cdots,n$ 都成立，取 $i=i_0$ 得

$$\delta_{k+1} \leqslant \delta_{k+1}\alpha_{i_0} + \delta_k\beta_{i_0},$$

于是有

$$\delta_{k+1} \leqslant \frac{\beta_{i_0}}{1-\alpha_{i_0}}\delta_k. \tag{3.55}$$

由

$$0 \leqslant \alpha_i + \beta_i = \sum_{j=1}^{n} |b_{ij}| \leqslant \|\boldsymbol{B}\|_\infty < 1 \quad (i=1,2,\cdots,n)$$

知

$$0 \leqslant \frac{\beta_i}{1-\alpha_i} < 1 \quad (i=1,2,\cdots,n).$$

进而有

$$L = \max_i \left|\frac{\beta_i}{1-\alpha_i}\right| < 1. \tag{3.56}$$

由式(3.55)和式(3.56)知

$$\delta_{k+1} \leqslant L\delta_k \leqslant \cdots \leqslant L^{k+1}\delta_0, \tag{3.57}$$

故 $\delta_{k+1} = \max\limits_{1\leqslant i\leqslant n} |x_i^{(k+1)} - x_i| \to 0\ (k\to+\infty)$，即 Gauss-Seidel 迭代法(3.52)关于任意初始向量 $\boldsymbol{x}^{(0)}$ 都收敛.

结合定理 3.6 及定理 3.8 知，当简单迭代法的迭代矩阵范数 $\|\boldsymbol{B}\|_\infty<1$ 或 $\|\boldsymbol{B}\|_1<1$ 时，简单迭代法(3.38)及与之相应的 Gauss-Seidel 迭代法(3.52)同时关于任意初始向量收敛.

下面讨论与 Jacobi 迭代法相对应的 Gauss-Seidel 迭代法. 可以将式(3.43)改写为

重点精讲

3.5 JGS 迭代法

$$\begin{cases} x_1^{(k+1)} = (b_1 - a_{12}x_2^{(k)} - a_{13}x_3^{(k)} - \cdots - a_{1n}x_n^{(k)})/a_{11}, \\ x_2^{(k+1)} = (b_2 - a_{21}x_1^{(k+1)} - a_{23}x_3^{(k)} - \cdots - a_{2n}x_n^{(k)})/a_{22}, \\ \cdots\cdots\cdots\cdots \\ x_n^{(k+1)} = (b_n - a_{n1}x_1^{(k+1)} - a_{n2}x_2^{(k+1)} - \cdots - a_{n,n-1}x_{n-1}^{(k+1)})/a_{nn}, \end{cases} \tag{3.58}$$

或缩写为

$$x_i^{(k+1)} = \frac{1}{a_{ii}}\left(b_i - \sum_{j=1}^{i-1} a_{ij}x_j^{(k+1)} - \sum_{j=i+1}^{n} a_{ij}x_j^{(k)}\right) \ (i=1,2,\cdots,n). \tag{3.59}$$

该迭代格式称为**与 Jacobi 迭代法相对应的 Gauss-Seidel 迭代法**，简称为 **JGS 迭代法**. JGS 迭代法是一种特殊的 Gauss-Seidel 迭代法，因此关于 Gauss-Seidel 迭代法的收敛性判定定理均适用于 JGS 迭代法.

若设系数矩阵 $\boldsymbol{A}=\boldsymbol{L}+\boldsymbol{D}+\boldsymbol{U}$，其中 $\boldsymbol{L},\boldsymbol{D},\boldsymbol{U}$ 的含义同(3.44)式，可得 JGS 迭代法的迭代矩阵为

$$\boldsymbol{B}_{\mathrm{JGS}}=-(\boldsymbol{D}+\boldsymbol{L})^{-1}\boldsymbol{U}. \tag{3.60}$$

定理 3.9 设系数矩阵 $\boldsymbol{A}=(a_{ij})_{n\times n}$ 严格对角占优，则求解 $\boldsymbol{A}\boldsymbol{x}=\boldsymbol{b}$ 的 JGS 迭代法对任意初始向量 $\boldsymbol{x}^{(0)}$ 都收敛.

类似于定理 3.7 的证明过程可以证得该定理.

定理 3.7 和定理 3.9 说明，线性方程组的系数矩阵 $\boldsymbol{A}$ 严格对角占优时，Jacobi 迭代法和 JGS 迭代法对任意初始向量都收敛.

定理 3.10[18] 若线性方程组的系数矩阵 $\boldsymbol{A}$ 对称正定，则求解 $\boldsymbol{A}\boldsymbol{x}=\boldsymbol{b}$ 的 JGS 迭代法对任意初始向量都收敛.

算法 3.3 Guass-Seidel 迭代法

输入：方程组系数矩阵 $\boldsymbol{A}$，维数 n，右端向量 $\boldsymbol{b}$，初始向量 $\boldsymbol{x}^{(0)}$，精度要求 ε，最大迭代次数 N.

输出：方程组的解向量 $\boldsymbol{x}$.

Step 1：令 $k=1$；

Step 2：对 $i=1,2,\cdots,n$，依次计算

$$x_i^{(1)}=\frac{1}{a_{ii}}\left(b_i-\sum_{j=1}^{i-1}a_{ij}x_j^{(1)}-\sum_{j=i+1}^{n}a_{ij}x_j^{(0)}\right)\quad(i=1,2,\cdots,n);$$

Step 3：若 $\max\limits_{1\leqslant i\leqslant n}\left|x_i^{(1)}-x_i^{(0)}\right|<\varepsilon$，则输出 $\boldsymbol{x}^{(1)}$，算法结束；否则转 Step 4；

Step 4：若 $k<N$，$k=k+1$，$\boldsymbol{x}^{(0)}=\boldsymbol{x}^{(1)}$，转 Step 2；否则迭代失败，算法结束.

例 3.5 用 JGS 迭代法求解例 3.4 中的线性方程组，取 $\boldsymbol{x}^{(0)}=(0,0,0)^{\mathrm{T}}$，迭代终止条件为 $\|\boldsymbol{x}^{(k+1)}-\boldsymbol{x}^{(k)}\|_\infty<10^{-3}$.

解 由于系数矩阵按行严格对角占优，所以 JGS 迭代法收敛.

JGS 迭代格式为

$$\begin{cases}x_1^{(k+1)}= & 0.2x_2^{(k)}-0.2x_3^{(k)}+2,\\ x_2^{(k+1)}=0.1x_1^{(k+1)} & -0.2x_3^{(k)}-2.7,\\ x_3^{(k+1)}=0.1x_1^{(k+1)}-0.2x_2^{(k+1)} & +1.3.\end{cases}$$

取 $\boldsymbol{x}^{(0)}=(0,0,0)^{\mathrm{T}}$，迭代结果如表 3.2 所示.

表 3.2 JGS 迭代法的计算结果

k	$x_1^{(k)}$	$x_2^{(k)}$	$x_3^{(k)}$
1	2.000 000 0	−2.500 000 0	2.000 000 0
2	1.100 000 0	−2.990 000 0	2.008 000 0
3	1.000 400 0	−3.001 560 0	2.000 352 0
4	0.999 617 6	−3.000 108 6	1.999 983 5
5	0.999 981 6	−2.999 998 5	1.999 997 9

由于 $\max\limits_{1\leqslant i\leqslant 3}|x_i^{(5)}-x_i^{(4)}|<10^{-3}$,故可取 $\boldsymbol{x}^{(5)}$ 作为原方程组的解.

一般情况下,JGS 迭代法比 Jacobi 迭代法收敛快.但应该注意,并不是任何时候 JGS 迭代法都比 Jacobi 迭代法收敛快,甚至有 Jacobi 迭代法收敛而 JGS 迭代法不收敛的例子.

五、逐次超松弛迭代法

重点精讲

3.6 SOR 迭代法

设线性方程组 $\boldsymbol{Ax}=\boldsymbol{b}$ 的系数矩阵 $\boldsymbol{A}$ 非奇异,且 $a_{ii}\neq 0(i=1,2,\cdots,n)$.假设已求得方程组的第 k 次近似 $\boldsymbol{x}^{(k)}$,称 $\boldsymbol{r}^{(k)}=\boldsymbol{b}-\boldsymbol{Ax}^{(k)}$ 为第 k 次迭代的残差向量.当 $\boldsymbol{x}^{(k)}$ 不满足误差要求时,需要求第 $k+1$ 次近似解 $\boldsymbol{x}^{(k+1)}$.将残差向量 $\boldsymbol{r}^{(k)}$ 乘修正因子 $\omega\boldsymbol{D}^{-1}$,补偿到 $\boldsymbol{x}^{(k)}$,建立如下迭代

$$\boldsymbol{x}^{(k+1)}=\boldsymbol{x}^{(k)}+\omega\boldsymbol{D}^{-1}\boldsymbol{r}^{(k)}\quad(k=0,1,2,\cdots),\tag{3.61}$$

其分量形式为

$$x_i^{(k+1)}=x_i^{(k)}+\frac{\omega}{a_{ii}}\left(b_i-\sum_{j=1}^{i-1}a_{ij}x_j^{(k)}-\sum_{j=i}^{n}a_{ij}x_j^{(k)}\right)\tag{3.62}$$

$$(i=1,2,\cdots,n;k=0,1,2,\cdots),$$

式中 ω 称为松弛因子.考虑到计算 $x_i^{(k+1)}$ 时,$x_j^{(k+1)}(1\leqslant j\leqslant i-1)$ 均已算出,于是将式(3.62)改写为

$$x_i^{(k+1)}=x_i^{(k)}+\frac{\omega}{a_{ii}}\left(b_i-\sum_{j=1}^{i-1}a_{ij}x_j^{(k+1)}-\sum_{j=i}^{n}a_{ij}x_j^{(k)}\right)\tag{3.63}$$

$$(i=1,2,\cdots,n;k=0,1,\cdots).$$

称式(3.63)为**逐次超松弛迭代法**,简称为 **SOR**(**Successive Over-Relaxation**)方法.式(3.63)还可整理为

$$x_i^{(k+1)}=(1-\omega)x_i^{(k)}+\omega\frac{1}{a_{ii}}\left(b_i-\sum_{j=1}^{i-1}a_{ij}x_j^{(k+1)}-\sum_{j=i+1}^{n}a_{ij}x_j^{(k)}\right)\tag{3.64}$$

$$(i=1,2,\cdots,n).$$

当松弛因子 $\omega=1$ 时,SOR 方法即为 JGS 迭代法.因此,SOR 方法也可看作 JGS 方法的计算值与当前近似向量 $x^{(k)}$ 的一种加权平均.如果松弛因子选取得适当,那么 SOR 方法往往具有加速收敛的作用.

若将系数矩阵 $\boldsymbol{A}$ 仍分解为 $\boldsymbol{A}=\boldsymbol{L}+\boldsymbol{D}+\boldsymbol{U}$,则 SOR 方法的矩阵形式为

$$\boldsymbol{x}^{(k+1)}=(1-\omega)\boldsymbol{x}^{(k)}+\omega\boldsymbol{D}^{-1}(\boldsymbol{b}-\boldsymbol{Lx}^{(k+1)}-\boldsymbol{Ux}^{(k)}).\tag{3.65}$$

与之等价的简单迭代法为

$$\boldsymbol{x}^{(k+1)}=\boldsymbol{B}_\omega\boldsymbol{x}^{(k)}+\omega(\boldsymbol{D}+\omega\boldsymbol{L})^{-1}\boldsymbol{b},\tag{3.66}$$

其中

$$B_\omega = (D + \omega L)^{-1}[(1-\omega)D - \omega U] \tag{3.67}$$

是 SOR 方法的迭代矩阵.

关于 SOR 方法的收敛性,除了可以用充要条件 $\rho(B_\omega)<1$,充分条件 $\|B_\omega\|<1$ 来判定外,还有如下判定方法.

定理 3.11[6] 设 $A\in \mathbf{R}^{n\times n}$ 且 $a_{ii}\neq 0(i=1,2,\cdots,n)$,则求解 $Ax=b$ 的 SOR 方法对任意初始向量 $x^{(0)}$ 都收敛的必要条件是 $0<\omega<2$.

定理 3.12[6] 设矩阵 A 对称正定且 $0<\omega<2$,则求解 $Ax=b$ 的 SOR 方法对任意初始向量 $x^{(0)}$ 都收敛.

定理 3.13[6] 设矩阵 A 严格对角占优且 $0<\omega\leqslant 1$,则求解 $Ax=b$ 的 SOR 方法对任意初始向量 $x^{(0)}$ 都收敛.

例 3.6 取松弛因子 $\omega=1.3$,初始向量 $x^{(0)}=(0,0,0)^{\mathrm{T}}$,用 SOR 方法解线性方程组

$$\begin{pmatrix} 5 & -4 & 0 \\ -4 & 5 & -1 \\ 0 & -1 & 5 \end{pmatrix}\begin{pmatrix} x_1 \\ x_2 \\ x_3 \end{pmatrix}=\begin{pmatrix} 7 \\ -3 \\ 3 \end{pmatrix},$$

要求 $\|x^{(k+1)}-x^{(k)}\|_\infty \leqslant 10^{-4}$.

解 系数矩阵 $A=\begin{pmatrix} 5 & -4 & 0 \\ -4 & 5 & -1 \\ 0 & -1 & 5 \end{pmatrix}$的顺序主子式 $\Delta_1=5,\Delta_2=9,\Delta_3=40$,且 $A=A^{\mathrm{T}}$,故系数矩阵 A 对称正定,所以当 $0<\omega<2$ 时 SOR 方法收敛.

SOR 方法的计算格式为

$$\begin{cases} x_1^{(k+1)}=(1-\omega)x_1^{(k)}+\dfrac{\omega}{5}(7+4x_2^{(k)}), \\ x_2^{(k+1)}=(1-\omega)x_2^{(k)}+\dfrac{\omega}{5}(-3+4x_1^{(k+1)}+x_3^{(k)}), \\ x_3^{(k+1)}=(1-\omega)x_3^{(k)}+\dfrac{\omega}{5}(3+x_2^{(k+1)}). \end{cases}$$

取 $\omega=1.3$,迭代结果如表 3.3 所示.

由于 $\max\limits_{1\leqslant i\leqslant 3}|x_i^{(9)}-x_i^{(8)}|<10^{-4}$,故可取 $x^{(9)}$ 作为原方程组的根.在相同的误差条件下,该例用 Jacobi 法需要迭代 51 步,用 JGS 法需要迭代 25 步,由此可见,在合理选择松弛因子 ω 的前提下,SOR 方法可以加快收敛.

表 3.3　SOR 方法的计算结果

k	$x_1^{(k)}$	$x_2^{(k)}$	$x_3^{(k)}$
1	1.820 000 0	1.112 800 0	1.069 328 0
2	2.431 312 0	1.692 749 8	0.899 316 5
3	2.851 066 2	1.911 106 2	1.007 092 6
4	2.952 230 6	1.978 832 0	0.992 368 5
⋮	⋮	⋮	⋮
8	3.000 185 2	2.000 161 0	0.999 981 7
9	3.000 111 9	2.000 063 3	1.000 021 9

知识结构图

- 线性方程组数值解法
  - 直接法
    - Gauss 消去法
      - Gauss 顺序消去法
      - Gauss 主元消去法
        - 列主元消去法
        - 全主元消去法
    - 矩阵三角分解法
      - LU 分解
        - 分解算法
        - 分解条件
      - 平方根分解(对称正定矩阵)
      - 追赶法(三对角方程组)
  - 迭代法
    - 向量与矩阵的范数
    - 迭代法的基本思想
    - Jacobi 迭代法
      - 迭代格式
      - 收敛条件
        - 充要条件:$\rho(\boldsymbol{B}_J)<1$
        - 充分条件:两个
    - Gauss-Seidel 迭代法
      - 迭代格式
      - 收敛条件
        - 充要条件:$\rho(\boldsymbol{B}_{GS})<1$
        - 充分条件:三个
    - SOR 迭代法
      - 迭代格式
      - 收敛条件
        - 充要条件:$\rho(\boldsymbol{B}_\omega)<1$
        - 必要条件:$0<\omega<2$
        - 充分条件:三个

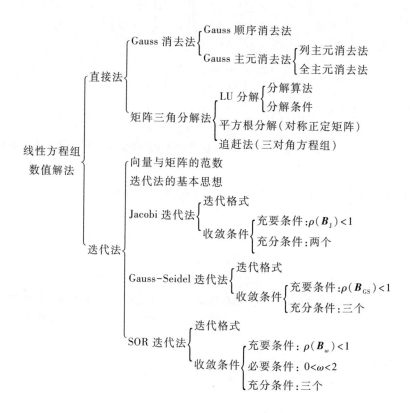

习题三

1. 用 Gauss 顺序消去法和 Gauss 列主元消去法求解线性方程组

$$\begin{cases}3x_1-x_2+4x_3=7,\\-x_1+2x_2-2x_3=-1,\\2x_1-3x_2-2x_3=0.\end{cases}$$

2. 用矩阵的 Doolittle 分解法解线性方程组

$$\begin{pmatrix}6&2&1&-1\\2&4&1&0\\1&1&4&-1\\-1&0&-1&3\end{pmatrix}\begin{pmatrix}x_1\\x_2\\x_3\\x_4\end{pmatrix}=\begin{pmatrix}6\\-1\\5\\-5\end{pmatrix}.$$

3. 用平方根法求解线性方程组

$$\begin{pmatrix}4&-1&1\\-1&4.25&2.75\\1&2.75&3.5\end{pmatrix}\begin{pmatrix}x_1\\x_2\\x_3\end{pmatrix}=\begin{pmatrix}6\\-0.5\\1.25\end{pmatrix}.$$

4. 用追赶法解三对角线性方程组

$$\begin{pmatrix}2&1&0&0\\1&3&1&0\\0&1&1&1\\0&0&2&1\end{pmatrix}\begin{pmatrix}x_1\\x_2\\x_3\\x_4\end{pmatrix}=\begin{pmatrix}1\\2\\2\\0\end{pmatrix}.$$

5. 设矩阵 $\boldsymbol{A}$ 非奇异，试证明用 JGS 迭代法求解 $\boldsymbol{A}^{\mathrm{T}}\boldsymbol{A}\boldsymbol{x}=\boldsymbol{b}$ 时关于任意初始向量都是收敛的.

6. 设 $\boldsymbol{A}=\begin{pmatrix}0.6&0.5\\0.1&0.3\end{pmatrix}$，分别计算 $\|\boldsymbol{A}\|_\infty$，$\|\boldsymbol{A}\|_1$，$\|\boldsymbol{A}\|_2$，$\|\boldsymbol{A}\|_F$.

7. 设有线性方程组

$$\begin{cases}5x_1+2x_2+x_3=-12,\\-x_1+4x_2+2x_3=20,\\2x_1-3x_2+10x_3=3.\end{cases}$$

（1）证明用 Jacobi 迭代法及 JGS 迭代法解此方程组时关于任意初始向量都收敛；

（2）取初始向量 $\boldsymbol{x}^{(0)}=(-3,1,1)^{\mathrm{T}}$，分别用 Jacobi 迭代法及 JGS 迭代法求解该方程组，要求 $\|\boldsymbol{x}^{(k+1)}-\boldsymbol{x}^{(k)}\|_\infty\leqslant 10^{-3}$.

8. 取初始向量 $\boldsymbol{x}^{(0)}=(1,1,1)^{\mathrm{T}}$，$\omega=1.22$，用 SOR 方法求解如下线性方程组，使 $\|\boldsymbol{x}^{(k+1)}-\boldsymbol{x}^{(k)}\|_\infty\leqslant 10^{-5}$，要求先证明 SOR 方法的收敛性：

$$\begin{pmatrix}4&3&0\\3&4&-1\\0&-1&4\end{pmatrix}\begin{pmatrix}x_1\\x_2\\x_3\end{pmatrix}=\begin{pmatrix}24\\30\\-24\end{pmatrix}.$$

9. 设有线性方程组

$$
\begin{cases}
x_1+2x_2-2x_3=-3,\\
x_1+\ x_2+\ x_3=1,\\
2x_1+2x_2+\ x_3=1,
\end{cases}
$$

证明解此方程组的 Jacobi 方法对任意初始向量 $\boldsymbol{x}^{(0)}$ 都收敛,而 JGS 方法不是对任意 $\boldsymbol{x}^{(0)}$ 都收敛.取 $\boldsymbol{x}^{(0)}=(0,0,0)^{\mathrm{T}}$,用 Jacobi 方法求解,要求 $\|\boldsymbol{x}^{(k+1)}-\boldsymbol{x}^{(k)}\|_{\infty}\leqslant 10^{-5}$.

10. 设有线性方程组

$$
\begin{pmatrix} 2 & -1 & 1\\ 1 & 1 & 1\\ 1 & 1 & -2 \end{pmatrix}\begin{pmatrix} x_1\\ x_2\\ x_3 \end{pmatrix}=\begin{pmatrix} 3\\ 2\\ -1 \end{pmatrix},
$$

证明 Jacobi 方法求解此方程组时不是对任意初始向量都收敛,而 JGS 方法对任意初始向量都收敛.

11. 设实数 $a\neq 0$,试确定 a 的取值范围,使得求解线性方程组

$$
\begin{pmatrix} a & 1 & 3\\ 1 & a & 2\\ -3 & 2 & a \end{pmatrix}\begin{pmatrix} x_1\\ x_2\\ x_3 \end{pmatrix}=\begin{pmatrix} b_1\\ b_2\\ b_3 \end{pmatrix}
$$

的 Jacobi 迭代法对任意初始向量都收敛.

12. (数值实验)分别编写 Doolittle 分解法和 Crout 分解法的程序,并求解线性方程组

$$
\begin{pmatrix} 5 & 7 & 9 & 10\\ 6 & 8 & 10 & 9\\ 7 & 10 & 8 & 7\\ 5 & 7 & 6 & 5 \end{pmatrix}\begin{pmatrix} x_1\\ x_2\\ x_3\\ x_4 \end{pmatrix}=\begin{pmatrix} 1\\ 1\\ 1\\ 1 \end{pmatrix}.
$$

13. (数值实验)用追赶法和 Gauss 消去法求解下面的线性方程组,并比较当 n 越来越大时(n 取 10,100,1 000),两种方法的计算效率:

$$
\begin{pmatrix} 4 & 2 & & & \\ 1 & 4 & 2 & & \\ & \ddots & \ddots & \ddots & \\ & & 1 & 4 & 2\\ & & & 1 & 4 \end{pmatrix}\begin{pmatrix} x_1\\ x_2\\ x_3\\ \vdots\\ x_n \end{pmatrix}=\begin{pmatrix} 6\\ 8\\ \vdots\\ 8\\ 6 \end{pmatrix}.
$$

14. (数值实验)用 Jacobi 迭代法和 JGS 迭代法编程求解线性方程组

$$
\begin{pmatrix} 10 & -2 & -1\\ -2 & 10 & -1\\ -1 & -2 & 5 \end{pmatrix}\begin{pmatrix} x_1\\ x_2\\ x_3 \end{pmatrix}=\begin{pmatrix} 3\\ 15\\ 10 \end{pmatrix}.
$$

取初值 $\boldsymbol{x}^{(0)}=(0,0,0)^{\mathrm{T}}$,要求满足 $\max\limits_{1\leqslant i\leqslant 3}|x_i^{(k+1)}-x_i^{(k)}|\leqslant 10^{-5}$时迭代终止,比较两种方法的迭代次数.

第四章　函数插值

插值是对函数进行近似的基本方法，本章介绍了代数插值时常用的 Lagrange 插值法、Newton 插值法、Hermite 插值法和三次样条插值法，并相应地介绍了差商和差分等概念.

重点精讲

4.1 多项式插值

§4.1　引言

在科学与工程计算中，常会遇到如下问题：已知 $y=f(x)$ 在区间 $[a,b]$ 上的一系列点 $\{x_i\}_{i=0}^{n}$ 处的函数值 $\{y_i\}_{i=0}^{n}$，需要利用这些数据来求某点 $x(x\neq x_i)$ 处函数值的近似值. 若能利用这组数据建立一个近似 $f(x)$ 的函数 $\phi(x)$，$f(x)$ 的值就可以用 $\phi(x)$ 近似求出.

已知函数 $f(x)$ 在区间 $[a,b]$ 上 $n+1$ 个互异节点 $\{x_i\}_{i=0}^{n}$ 处的函数值 $\{y_i\}_{i=0}^{n}$，若函数集合 Φ 中函数 $\phi(x)$ 满足条件

$$\phi(x_i)=y_i\quad(i=0,1,2,\cdots,n),\tag{4.1}$$

则称 $\phi(x)$ 为 $f(x)$ 在 Φ 中关于节点 $\{x_i\}_{i=0}^{n}$ 的一个**插值函数**，并称 $f(x)$ 为**被插值函数**，$[a,b]$ 为**插值区间**，$\{x_i\}_{i=0}^{n}$ 为**插值节点**，式(4.1)为**插值条件**.

函数集合 Φ 可以有不同的选择，最常用的是形式简单的多项式函数集合. 将多项式作为插值函数进行插值的方法称为**代数插值**. 针对区间 $[a,b]$ 上 $n+1$ 个互异节点，代数插值就是要确定一个不超过 n 次的多项式

$$\phi(x)=a_0+a_1x+\cdots+a_nx^n,\tag{4.2}$$

使其满足插值条件(4.1)，即选取参数 $\{a_i\}_{i=0}^{n}$ 满足线性方程组

$$\begin{pmatrix} 1 & x_0 & \cdots & x_0^n \\ 1 & x_1 & \cdots & x_1^n \\ \vdots & \vdots & & \vdots \\ 1 & x_n & \cdots & x_n^n \end{pmatrix} \begin{pmatrix} a_0 \\ a_1 \\ \vdots \\ a_n \end{pmatrix} = \begin{pmatrix} y_0 \\ y_1 \\ \vdots \\ y_n \end{pmatrix}. \tag{4.3}$$

记方程组(4.3)的系数矩阵为$\boldsymbol{A}$.由于插值节点互异,故 $\det(\boldsymbol{A}) = \prod\limits_{0 \leqslant j < i \leqslant n} (x_i - x_j) \neq 0$. 线性方程组(4.3)存在唯一的一组解$(a_0, a_1, \cdots, a_n)^{\mathrm{T}}$.若 $a_n \neq 0$,则 $\phi(x)$ 是一个 n 次多项式,否则 $\phi(x)$ 的次数低于 n.于是有下面的结论.

定理 4.1 满足插值条件(4.1)的不超过 n 次的插值多项式存在并且唯一.

重点精讲

4.2 插值多项式余项

$\phi(x)$ 与 $f(x)$ 在插值节点 $\{x_i\}_{i=0}^n$ 处函数值相同,但它们在其他点 x 处的函数值并不一定相同.将

$$R_n(x) = f(x) - \phi(x) \tag{4.4}$$

称为用插值多项式 $\phi(x)$ 近似 $f(x)$ 的**插值余项**.

定理 4.2 $\phi(x)$ 是函数 $f(x)$ 关于节点 $\{x_i\}_{i=0}^n$ 的不超过 n 次插值多项式,若 $f^{(n)}(x)$ 在区间 $[a,b]$ 上连续,$f^{(n+1)}(x)$ 在区间 (a,b) 内存在,则对 $\forall x \in [a,b]$,有插值余项

$$R_n(x) = f(x) - \phi(x) = \frac{f^{(n+1)}(\xi)}{(n+1)!}\omega_{n+1}(x), \tag{4.5}$$

其中 $\xi = \xi(x) \in (a,b)$,$\omega_{n+1}(x) = (x-x_0)(x-x_1)\cdots(x-x_n)$.

证明 由于 $\phi(x)$ 与 $f(x)$ 在插值节点上函数值相同,故

$$R_n(x_i) = f(x_i) - \phi(x_i) = 0 \quad (i = 0,1,2,\cdots,n).$$

因此插值余项可设为

$$R_n(x) = k(x)\omega_{n+1}(x), \tag{4.6}$$

将 x 视为区间 $[a,b]$ 上异于 $\{x_i\}_{i=0}^n$ 的任一固定点,作辅助函数

$$g(t) = f(t) - \phi(t) - k(x)\omega_{n+1}(t).$$

易验证 $x_0, x_1, \cdots, x_n$ 和 x 为 $g(t)$ 在区间 $[a,b]$ 上的 $n+2$ 个互异零点.

由 Rolle(罗尔)中值定理知,函数 $g'(t)$ 在区间 (a,b) 内至少有 $n+1$ 个互异零点,这 $n+1$ 个零点形成 n 个子区间,在这些子区间上对 $g'(t)$ 分别使用 Rolle 定理,可知函数 $g''(t)$ 在 (a,b) 内至少有 n 个互异零点.以此类推,函数 $g^{(n+1)}(t)$ 在 (a,b) 内至少有 1 个零点,即存在 ξ,使得

$$g^{(n+1)}(\xi) = f^{(n+1)}(\xi) - (n+1)!\ k(x) = 0,$$

从而得到

$$k(x) = \frac{f^{(n+1)}(\xi)}{(n+1)!}.$$

将上式代入式(4.6)就得到插值余项(4.5),定理得证.

虽然通过 $n+1$ 个点 $\{(x_i,y_i)\}_{i=0}^{n}$ 的不超过 n 次的插值多项式唯一,但可以选用不同的基函数来表示这个多项式.在本章,将另外选取两组不同的基函数表示该插值多项式,即 **Lagrange 插值多项式**和 **Newton 插值多项式**.

重点精讲

§ 4.2 Lagrange 插值

4.3 Lagrange 插值

在构造 n 次插值多项式时,式(4.2)选取 $1,x,x^2,\cdots,x^n$ 作为 n 次多项式空间的一组基函数,为确定待定系数 $a_0,a_1,\cdots,a_n$,需要求解线性方程组(4.3).能否选择另外一组基函数来避免求解线性方程组?下面从线性插值来着手分析.

线性插值就是构造一条直线使其通过两点(x_0,y_0)和(x_1,y_1).此直线的两点式方程为

$$y-y_0=\frac{y_1-y_0}{x_1-x_0}(x-x_0),$$

将其等价变形为

$$y=\frac{x-x_1}{x_0-x_1}y_0+\frac{x-x_0}{x_1-x_0}y_1. \tag{4.7}$$

式(4.7)满足插值条件,并且右端是关于 x 的一次多项式,故式(4.7)就是所求的插值多项式.将其记为 $L_1(x)$,并引入记号

$$l_0(x)=\frac{x-x_1}{x_0-x_1},\quad l_1(x)=\frac{x-x_0}{x_1-x_0},$$

式(4.7)就可以写成

$$L_1(x)=l_0(x)y_0+l_1(x)y_1. \tag{4.8}$$

容易验证 $l_0(x)$和 $l_1(x)$线性无关,它们被称为线性插值的 **Lagrange 插值基函数**.

观察两个基函数,发现它们具有如下性质:

$$\begin{cases}l_0(x_0)=1,\\ l_0(x_1)=0;\end{cases}\quad \begin{cases}l_1(x_0)=0,\\ l_1(x_1)=1.\end{cases}$$

对于三点(x_0,y_0),(x_1,y_1)及(x_2,y_2)的插值,可以类似地写出一个二次多项式

$$L_2(x)=l_0(x)y_0+l_1(x)y_1+l_2(x)y_2,$$

为了满足插值条件,上式中基函数 $l_0(x)$,$l_1(x)$,$l_2(x)$需分别满足下面的关系式:

$$\begin{cases} l_0(x_0)=1, \\ l_0(x_1)=0, \\ l_0(x_2)=0; \end{cases} \quad \begin{cases} l_1(x_0)=0, \\ l_1(x_1)=1, \\ l_1(x_2)=0; \end{cases} \quad \begin{cases} l_2(x_0)=0, \\ l_2(x_1)=0, \\ l_2(x_2)=1. \end{cases}$$

将以上思路推广到 $n+1$ 个节点的情形,将经过 $n+1$ 个点 $\{(x_i,y_i)\}_{i=0}^{n}$ 的 n 次插值多项式表示为

$$L_n(x)=l_0(x)y_0+l_1(x)y_1+l_2(x)y_2+\cdots+l_n(x)y_n=\sum_{i=0}^{n}l_i(x)y_i, \tag{4.9}$$

称 $L_n(x)$ 为关于节点 $\{x_i\}_{i=0}^{n}$ 的 **Lagrange 插值多项式**,称 $\{l_i(x)\}_{i=0}^{n}$ 为关于节点 $\{x_i\}_{i=0}^{n}$ 的 **Lagrange 插值基函数**.当插值基函数 $l_i(x)$ 满足条件

$$l_i(x_j)=\begin{cases}1, & j=i,\\ 0, & 0\leqslant j\leqslant n, j\neq i,\end{cases} \tag{4.10}$$

可以验证 $L_n(x)$ 满足插值条件(4.1).

对于某一个特定的 $i\in\{0,1,2,\cdots,n\}$, $l_i(x)$ 为不超过 n 次的多项式.根据式(4.10), $l_i(x)$ 在除节点 x_i 外的其余 n 个节点处函数值为零, 故 $l_i(x)$ 可表示为

$$l_i(x)=k_i(x-x_0)(x-x_1)\cdots(x-x_{i-1})(x-x_{i+1})\cdots(x-x_n).$$

由 $l_i(x_i)=1$ 解出

$$k_i=\frac{1}{(x_i-x_0)(x_i-x_1)\cdots(x_i-x_{i-1})(x_i-x_{i+1})\cdots(x_i-x_n)}.$$

这样就得到插值基函数 $l_i(x)$ 的具体表达式

$$l_i(x)=\frac{(x-x_0)(x-x_1)\cdots(x-x_{i-1})(x-x_{i+1})\cdots(x-x_n)}{(x_i-x_0)(x_i-x_1)\cdots(x_i-x_{i-1})(x_i-x_{i+1})\cdots(x_i-x_n)}. \tag{4.11}$$

式(4.11)也可写为

$$l_i(x)=\frac{\omega_{n+1}(x)}{(x-x_i)\omega'_{n+1}(x_i)}.$$

依据公式(4.11),前面提到的三点插值的 Lagrange 插值基函数为

$$l_0(x)=\frac{(x-x_1)(x-x_2)}{(x_0-x_1)(x_0-x_2)},$$

$$l_1(x)=\frac{(x-x_0)(x-x_2)}{(x_1-x_0)(x_1-x_2)},$$

$$l_2(x)=\frac{(x-x_0)(x-x_1)}{(x_2-x_0)(x_2-x_1)}.$$

例 4.1 对于 $y=\sqrt{x}$,已知 $f(144)=12$, $f(169)=13$, $f(196)=14$,分别用 Lagrange 线性和二次插值多项式求 $\sqrt{165}$ 的近似值,并估计插值误差.

解 记 $x_0=144, x_1=169, x_2=196; y_0=12, y_1=13, y_2=14$. 由于 $x=165$ 处在 x_0 和 x_1 之间,以它们为插值节点的 Lagrange 线性插值多项式为

$$L_1(x)=\frac{x-x_1}{x_0-x_1}y_0+\frac{x-x_0}{x_1-x_0}y_1.$$

代入已知数据得

$$L_1(x)=12\times\frac{x-169}{-25}+13\times\frac{x-144}{25},$$

所以

$$f(165)\approx L_1(165)=12\times\frac{165-169}{-25}+13\times\frac{165-144}{25}=12.84.$$

以 x_0, x_1, x_2 为插值节点的 Lagrange 二次插值多项式为

$$L_2(x)=\frac{(x-x_1)(x-x_2)}{(x_0-x_1)(x_0-x_2)}y_0+\frac{(x-x_0)(x-x_2)}{(x_1-x_0)(x_1-x_2)}y_1+\frac{(x-x_0)(x-x_1)}{(x_2-x_0)(x_2-x_1)}y_2.$$

代入已知数据得

$$L_2(x)=\frac{(x-169)(x-196)}{1\,300}\times 12+\frac{(x-144)(x-196)}{-675}\times 13+\frac{(x-144)(x-169)}{1\,404}\times 14,$$

所以

$$f(165)\approx L_2(165)\approx 12.844\,8.$$

由于 $f'(x)=\frac{1}{2}x^{-\frac{1}{2}}, f''(x)=-\frac{1}{4}x^{-\frac{3}{2}}, f'''(x)=\frac{3}{8}x^{-\frac{5}{2}}$. 故由式(4.5)可知,在 $x=165$ 处线性插值多项式的余项

$$\begin{aligned}|R_1(165)|&=\left|\frac{1}{2!}f''(\xi)(165-144)(165-169)\right|\\&\leqslant 42\times\max_{144\leqslant x\leqslant 169}|f''(x)|=42\times|f''(144)|\\&\approx 6.076\,4\times 10^{-3}.\end{aligned}$$

同理在 $x=165$ 处二次插值多项式的余项

$$\begin{aligned}|R_2(165)|&=\left|\frac{1}{3!}f'''(\xi)(165-144)(165-169)(165-196)\right|\\&\leqslant 434\times\max_{144\leqslant x\leqslant 196}|f'''(x)|=434\times|f'''(144)|\\&\approx 6.5406\times 10^{-4}.\end{aligned}$$

重点精讲

4.4 Newton 插值

§ 4.3 Newton 插值

当插值节点逐个增加时,考察插值多项式之间的联系.

只有一个节点 x_0 时,插值多项式为 $y=y_0$.当增加一个节点 x_1 时,由点(x_0,y_0)和(x_1,y_1)确定的线性多项式为

$$p_1(x)=y_0+\frac{y_1-y_0}{x_1-x_0}(x-x_0)=y_0+c_1(x-x_0). \tag{4.12}$$

进一步考察三个节点 x_0,x_1,x_2 上建立的二次插值多项式 $p_2(x)$.由于 $p_2(x)$与 $p_1(x)$在 x_0,x_1 处函数值分别相等,故 x_0,x_1 是方程 $p_2(x)-p_1(x)=0$ 的根,可设

$$p_2(x)-p_1(x)=c_2(x-x_0)(x-x_1),$$

则

$$p_2(x)=p_1(x)+c_2(x-x_0)(x-x_1). \tag{4.13}$$

同理,当节点由 k 个增加到 $k+1$ 个,分别由它们所确定的 $k-1$ 次和 k 次多项式之间的关系为

$$p_k(x)=p_{k-1}(x)+c_k(x-x_0)(x-x_1)\cdots(x-x_{k-1}). \tag{4.14}$$

从上面的关系式可以看出,当新增加一个节点时,新的 k 次多项式只需要在原来 $k-1$ 次多项式的基础上增加一项,而且增加的这一项只需要确定一个系数 c_k.

将式(4.12)、(4.13)以及前面 $k-1$ 个式子依次代入(4.14),就得到 $p_k(x)$的具体形式为

$$p_k(x)=y_0+c_1(x-x_0)+\cdots+c_k(x-x_0)(x-x_1)\cdots(x-x_{k-1}). \tag{4.15}$$

式(4.15)是以 $1,x-x_0,(x-x_0)(x-x_1),\cdots,(x-x_0)(x-x_1)\cdots(x-x_{k-1})$为基函数的插值多项式的表达形式,称这种插值方法为 **Newton 插值法**.

一、差商的定义

给定 $k+1$ 个节点,求 k 次 Newton 插值多项式(4.15)的关键是求出系数 c_1, $c_2,\cdots,c_k$.将插值条件 $p_1(x_1)=y_1$ 代入(4.12)可以求出

$$c_1=\frac{y_1-y_0}{x_1-x_0}. \tag{4.16}$$

同理将插值条件 $p_2(x_2)=y_2$ 代入(4.13),并结合 $p_1(x)$的表达式有

$$c_2=\frac{p_2(x_2)-p_1(x_2)}{(x_2-x_0)(x_2-x_1)}=\frac{y_2-[y_0+c_1(x_2-x_0)]}{(x_2-x_0)(x_2-x_1)}$$

$$= \frac{y_2 - [y_0 + c_1(x_1 - x_0)] - c_1(x_2 - x_1)}{(x_2 - x_0)(x_2 - x_1)} = \frac{\dfrac{y_2 - y_1}{x_2 - x_1} - \dfrac{y_1 - y_0}{x_1 - x_0}}{x_2 - x_0}. \tag{4.17}$$

可见 c_1 是在两点处函数值增量与自变量增量的商，数学上将它形象地称为**差商**. 系数 c_2 可以看成是差商的增量与自变量增量的商，称为二阶差商，下面给出各阶差商的定义：

已知 $y=f(x)$ 在互异节点 $x_0, x_1, x_2, \cdots$ 处的函数值分别为 $y_0, y_1, y_2, \cdots$，定义

$$f[x_i, x_j] = \frac{y_j - y_i}{x_j - x_i} \tag{4.18}$$

为 $f(x)$ 关于节点 x_i, x_j 的**一阶差商**. 定义

$$f[x_i, x_j, x_k] = \frac{f[x_j, x_k] - f[x_i, x_j]}{x_k - x_i} \tag{4.19}$$

为 $f(x)$ 关于节点 x_i, x_j, x_k 的**二阶差商**.

更一般地，对于任意的正整数 k，当定义了两个 $k-1$ 阶差商 $f[x_i, x_{i+1}, \cdots, x_{i+k-1}]$ 和 $f[x_{i+1}, x_{i+2}, \cdots, x_{i+k}]$ 后，就可以定义 $f(x)$ 关于节点 $x_i, x_{i+1}, \cdots, x_{i+k}$ 的 ***k* 阶差商**

$$f[x_i, x_{i+1}, \cdots, x_{i+k}] = \frac{f[x_{i+1}, x_{i+2}, \cdots, x_{i+k}] - f[x_i, x_{i+1}, \cdots, x_{i+k-1}]}{x_{i+k} - x_i}. \tag{4.20}$$

另外，规定 $f(x)$ 在点 x_i 上的函数值 $f(x_i)$ 是 $f(x)$ 在点 x_i 处的**零阶差商**，记为 $f[x_i]$. 在实际计算中，常常采用表 4.1 所示差商表计算各阶差商.

表 4.1 差 商 表

x	$f[x]$	一阶差商	二阶差商	三阶差商	…
x_0	$\boxed{f[x_0]}$				
x_1	$f[x_1]$	$\boxed{f[x_0, x_1]}$			
x_2	$f[x_2]$	$f[x_1, x_2]$	$\boxed{f[x_0, x_1, x_2]}$		
x_3	$f[x_3]$	$f[x_2, x_3]$	$f[x_1, x_2, x_3]$	$\boxed{f[x_0, x_1, x_2, x_3]}$	
⋮	⋮	⋮	⋮	⋮	⋮

差商具有以下性质：

性质 1　差商可以表示为相关节点处函数值的线性组合，即对任意的 n，有

$$f[x_0,x_1,\cdots,x_n]=\sum_{i=0}^{n}\frac{1}{\omega'_{n+1}(x_i)}f(x_i).$$

以上结论可以用数学归纳法进行证明.从性质 1 可知，改变节点的排列次序并不影响差商的值，由此得出差商的对称性.

性质 2　差商具有对称性，即

$$f[x_0,x_1,\cdots,x_n]=f[x_{i_0},x_{i_1},\cdots,x_{i_n}],$$

其中$\{i_0,i_1,\cdots,i_n\}$是$\{0,1,\cdots,n\}$的任意排列.

性质 3　设$f(x)$在$[a,b]$上的 n 阶导函数存在，对区间$[a,b]$上的任意 $n+1$ 个互异节点$\{x_i\}_{i=0}^{n}$，有$f[x_0,x_1,\cdots,x_n]=\dfrac{f^{(n)}(\xi)}{n!}$，这里 $\xi\in[a,b]$.

该性质的证明后面给出.

二、Newton 插值多项式

将式(4.12)中的 y_0 和 c_1 写成差商的形式，得到一次的 Newton 插值多项式

$$N_1(x)=f[x_0]+f[x_0,x_1](x-x_0).$$

从(4.17)式可知 $c_2=f[x_0,x_1,x_2]$，将 c_2 代入(4.13)式，得到二次的 Newton 插值多项式

$$N_2(x)=f[x_0]+f[x_0,x_1](x-x_0)+f[x_0,x_1,x_2](x-x_0)(x-x_1).$$

一般地，由式(4.14)可知

$$N_k(x)=N_{k-1}(x)+c_k(x-x_0)(x-x_1)\cdots(x-x_{k-1}).$$

将 $x=x_k$ 代入上式，且利用插值多项式的唯一性有

$$c_k=\frac{N_k(x_k)-N_{k-1}(x_k)}{(x_k-x_0)(x_k-x_1)\cdots(x_k-x_{k-1})}=\frac{f(x_k)-L_{k-1}(x_k)}{(x_k-x_0)(x_k-x_1)\cdots(x_k-x_{k-1})},$$

这里 $L_{k-1}(x)$表示 $k-1$ 次 Lagrange 插值多项式，将 $L_{k-1}(x)$展开并利用差商的性质 1 得

$$\begin{aligned}
c_k&=\frac{f(x_k)-\sum\limits_{i=0}^{k-1}\left[\prod\limits_{j=0(j\neq i)}^{k-1}\dfrac{x_k-x_j}{x_i-x_j}f(x_i)\right]}{(x_k-x_0)(x_k-x_1)\cdots(x_k-x_{k-1})}\\
&=\frac{f(x_k)}{(x_k-x_0)\cdots(x_k-x_{k-1})}-\sum_{i=0}^{k-1}\frac{f(x_i)}{\left[\prod\limits_{j=0(j\neq i)}^{k-1}(x_i-x_j)\right](x_k-x_i)}\\
&=\sum_{i=0}^{k}\frac{f(x_i)}{\omega'_{k+1}(x_i)}=f[x_0,x_1,\cdots,x_k],
\end{aligned}$$

故 k 次 **Newton 插值多项式**的表达式

$$N_k(x)= f[x_0] +f[x_0,x_1](x - x_0) + \cdots +f[x_0,x_1,\cdots,x_k](x - x_0)\cdots(x - x_{k-1}). \tag{4.21}$$

基于相同的插值条件,无论是用 Lagrange 插值法还是 Newton 插值法构造出的多项式相同,故相应的插值余项也应相同.根据定理 4.2,可知 n 次 Newton 插值多项式的插值余项为

$$R_n(x)=f(x) - N_n(x)=\frac{f^{(n+1)}(\xi)}{(n+1)!}\omega_{n+1}(x).$$

另外,插值余项也可以用差商表示.设 x 是异于 $x_0,x_1,\cdots,x_n$ 的一点,则由这 $n+2$ 个节点确定的以 t 为自变量的 $n+1$ 次多项式为

$$\begin{aligned}N_{n+1}(t) &=f[x_0] +f[x_0,x_1](t - x_0) + \cdots + \\ &\quad f[x_0,x_1,\cdots,x_n](t - x_0)(t - x_1)\cdots(t - x_{n-1}) + \\ &\quad f[x_0,x_1,\cdots,x_n,x](t - x_0)(t - x_1)\cdots(t - x_n) \\ &= N_n(t) +f[x_0,x_1,\cdots,x_n,x](t - x_0)(t - x_1)\cdots(t - x_n).\end{aligned}$$

由于 $N_{n+1}(t)$ 满足插值条件,即 $N_{n+1}(x)=f(x)$,将 x 代入上式得

$$f(x) = N_n(x) +f[x_0,x_1,\cdots,x_n,x](x - x_0)(x - x_1)\cdots(x - x_n),$$

于是 n 次 Newton 插值多项式的插值余项的差商形式为

$$R_n(x)=f(x) - N_n(x)=f[x_0,x_1,\cdots,x_n,x]\omega_{n+1}(x). \tag{4.22}$$

对比两种余项表达式,可得

$$f[x_0,x_1,\cdots,x_n,x] = \frac{f^{(n+1)}(\xi)}{(n+1)!}. \tag{4.23}$$

以上推导过程同时也证明了差商的性质 3.

例 4.2 已知单调函数 $y=f(x)$ 在四个点处的函数值如下表:

x_k	-1.12	0.00	1.80	2.20
$f(x_k)$	-1.10	-0.50	0.90	1.70

用插值法求方程 $f(x)=0$ 在区间(0.00,1.80)内根的近似值.

解 由于 $y=f(x)$ 是一个单调函数,所以反函数 $x=f^{-1}(y)$ 存在.以 y 为自变量建立如下的差商表:

$f(x)$	x_k	一阶差商	二阶差商	三阶差商
-1.10	-1.12			
-0.50	0.00	1.866 667		
0.90	1.80	1.285 714	-0.290 476 1	
1.70	2.20	0.500 000	-0.357 142 8	-0.023 809 5

$x=f^{-1}(y)$的三次 Newton 插值多项式为

$$N_3(y)=-1.12+1.866\ 667\times(y+1.10)-0.290\ 476\ 1\times(y+1.10)(y+0.5)-0.023\ 809\ 5\times(y+1.10)(y+0.5)(y-0.9).$$

方程$f(x)=0$根的近似值$N_3(0)\approx 0.785\ 357\ 5$.

§4.4 等距节点插值

前面介绍的插值方法中的节点是任意分布的,实际应用中常碰到节点等距分布的情形,此时 Newton 插值多项式有更为简单的形式.为此先引入差分算子的概念.

设在区间$[a,b]$上分布的等距节点$x_i=a+ih(i=0,1,\cdots,n)$,这里$h=\dfrac{b-a}{n}$称为**步长**.将$f(a+ih)$简记为f_i或y_i,称

$$\Delta f_i=f_{i+1}-f_i \tag{4.24}$$

为$f(x)$在x_i处以h为步长的**一阶向前差分**,简称为**一阶差分**.称

$$\nabla f_i=f_i-f_{i-1}$$

为$f(x)$在x_i处以h为步长的**一阶向后差分**.用递推的方法可以给出更高阶差分的定义.一般地,将

$$\Delta^k f_i=\Delta(\Delta^{k-1}f_i)=\Delta^{k-1}f_{i+1}-\Delta^{k-1}f_i \tag{4.25}$$

称为$f(x)$在x_i处以h为步长的 ***k* 阶向前差分**,简称为 ***k* 阶差分**.

由差分的定义得到一阶至k阶差分与函数值的关系:

$$\Delta f_i=f_{i+1}-f_i,$$

$$\Delta^2 f_i=\Delta f_{i+1}-\Delta f_i=(f_{i+2}-f_{i+1})-(f_{i+1}-f_i)=f_{i+2}-2f_{i+1}+f_i,$$

$$\Delta^3 f_i=f_{i+3}-3f_{i+2}+3f_{i+1}-f_i,$$

…………

$$\Delta^k f_i=f_{k+i}-\mathrm{C}_k^1 f_{k+i-1}+\cdots+(-1)^m\mathrm{C}_k^m f_{k+i-m}+\cdots+(-1)^k f_i, \tag{4.26}$$

式(4.26)中组合数 $C_k^m=\dfrac{k!}{m!(k-m)!}$.

用数学归纳法可以证明建立在等距节点上的差商和差分具有如下关系：

$$f[x_i,x_{i+1},\cdots,x_{i+n}]=\frac{\Delta^n f_i}{n!\ h^n}. \tag{4.27}$$

在节点等距分布时，n 次 Newton 插值多项式(4.21)中的各阶差商依据式(4.27)可分别替换成差分形式，并令 $x=x_0+th$，则得

$$N_n(x_0+th)=f_0+t\Delta f_0+\frac{1}{2!}t(t-1)\Delta^2 f_0+\cdots+\frac{t(t-1)\cdots(t-n+1)}{n!}\Delta^n f_0, \tag{4.28}$$

称式(4.28)为 **Newton 向前差分公式**. 由式(4.5)还可将插值余项表示为

$$R_n(x)=\frac{t(t-1)\cdots(t-n)}{(n+1)!}h^{n+1}f^{(n+1)}(\xi),\quad \xi\in(a,b). \tag{4.29}$$

当节点从大到小排列时，还可得到基于向后差分算子的 **Newton 向后差分公式**

$$N_n(x_n-th)=f_n+t\nabla f_n+\frac{1}{2!}t(t+1)\nabla^2 f_n+\cdots+\frac{t(t+1)\cdots(t+n-1)}{n!}\nabla^n f_n. \tag{4.30}$$

重点精讲

§ 4.5 Hermite 插值

4.5 Hermite 插值

在 x_0 附近，可用 $f(x)$ 在 x_0 处的 n 阶 Taylor 展开式 $p_n(x)$ 来近似函数 $f(x)$：

$$p_n(x)=f(x_0)+f'(x_0)(x-x_0)+\cdots+\frac{f^{(n)}(x_0)}{n!}(x-x_0)^n.$$

显然它与 $f(x)$ 在 x_0 处具有相同的函数值，以及一至 n 阶导数值，即有

$$p_n^{(i)}(x_0)=f^{(i)}(x_0)\quad (i=0,1,\cdots,n). \tag{4.31}$$

故可将 n 阶的 Taylor 展开式视为在 x_0 处满足插值条件(4.31)的一种插值方法.

为在较大的范围内能更好地近似被插值函数 $f(x)$，在实际应用中，不但要求在节点上插值函数与被插值函数有相同的函数值，而且要求在部分或者全部节点上一阶甚至更高阶的导数值也相同，这类插值称为 **Hermite 插值**. 两个函数在一点处的函数值和一阶导数值相同，在几何上表现为两条曲线在该点有相同的切线；如果直至二阶导数值也相同，那么两条曲线在该点具有相同的凹凸性及

曲率.可见,Hermite 插值是一类更广泛的插值方法,Taylor 展开式可视为在 x_0 处的 Hermite 插值.

在构造 Hermite 插值时,如给出的插值条件有 $m+1$ 个,则可以构造一个不超过 m 次的插值多项式,下面就一些常见的例子来讨论建立 Hermite 插值多项式的方法.

例 4.3 试确定一个不超过二次的多项式 $H_2(x)$,使其满足插值条件:

$$H_2(x_0)=y_0,\quad H_2(x_1)=y_1,\quad H_2'(x_0)=m_0.$$

解 先利用前两个插值条件,构造线性插值多项式

$$p_1(x)=\frac{x-x_1}{x_0-x_1}y_0+\frac{x-x_0}{x_1-x_0}y_1.$$

显然,$p_1(x_0)=y_0$,$p_1(x_1)=y_1$,定义

$$H_2(x)=p_1(x)+c(x-x_0)(x-x_1),$$

这里 c 是一个常数,无论 c 取何值,插值条件 $H_2(x_0)=y_0$ 和 $H_2(x_1)=y_1$ 都能满足,再利用条件 $H_2'(x_0)=m_0$ 确定系数 c,即

$$\frac{y_1-y_0}{x_1-x_0}+c(x_0-x_1)=m_0. \tag{4.32}$$

从式(4.32)中解出 c 回代到 $H_2(x)$,得到

$$H_2(x)=\frac{x-x_1}{x_0-x_1}y_0+\frac{x-x_0}{x_1-x_0}y_1+\left[\frac{1}{x_0-x_1}\left(m_0-\frac{y_0-y_1}{x_0-x_1}\right)\right](x-x_0)(x-x_1).$$

类似于定理 4.2 的证明,可推导出插值余项为

$$R_2(x)=f(x)-H_2(x)=\frac{1}{3!}f'''(\xi)(x-x_0)^2(x-x_1),$$

这里 ξ 依赖于 x.

例 4.4 求一个三次多项式 $H_3(x)$ 使其满足插值条件:

$$H_3(x_0)=y_0,\quad H_3(x_1)=y_1;$$
$$H_3'(x_0)=m_0,\quad H_3'(x_1)=m_1.$$

解 构造四个不超过三次的插值多项式 $\alpha_0(x)$,$\alpha_1(x)$,$\beta_0(x)$,$\beta_1(x)$,使它们分别满足

$$\alpha_0(x_0)=1,\quad \alpha_0(x_1)=0,\quad \alpha_0'(x_0)=0,\quad \alpha_0'(x_1)=0;$$
$$\alpha_1(x_0)=0,\quad \alpha_1(x_1)=1,\quad \alpha_1'(x_0)=0,\quad \alpha_1'(x_1)=0;$$
$$\beta_0(x_0)=0,\quad \beta_0(x_1)=0,\quad \beta_0'(x_0)=1,\quad \beta_0'(x_1)=0;$$
$$\beta_1(x_0)=0,\quad \beta_1(x_1)=0,\quad \beta_1'(x_0)=0,\quad \beta_1'(x_1)=1.$$

则满足插值条件的多项式可以写成如下形式:

$$H_3(x)=\alpha_0(x)y_0+\alpha_1(x)y_1+\beta_0(x)m_0+\beta_1(x)m_1. \tag{4.33}$$

定义 $\alpha_0(x)=(Ax+B)[l_0(x)]^2=(Ax+B)\left(\frac{x-x_1}{x_0-x_1}\right)^2$，可验证 $\alpha_0(x_1)=0$，$\alpha_0'(x_1)=0$，利用另外两个条件

$$\begin{cases}\alpha_0(x_0)=Ax_0+B=1,\\ \alpha_0'(x_0)=A+2(Ax_0+B)\dfrac{1}{x_0-x_1}=0,\end{cases}$$

求解可得

$$A=-\frac{2}{x_0-x_1},\quad B=1+\frac{2x_0}{x_0-x_1}.$$

于是有函数

$$\alpha_0(x)=\left(1-2\frac{x-x_0}{x_0-x_1}\right)\left(\frac{x-x_1}{x_0-x_1}\right)^2. \tag{4.34}$$

同理得到

$$\alpha_1(x)=\left(1-2\frac{x-x_1}{x_1-x_0}\right)\left(\frac{x-x_0}{x_1-x_0}\right)^2. \tag{4.35}$$

定义 $\beta_0(x)=(Cx+D)[l_0(x)]^2=(Cx+D)\left(\frac{x-x_1}{x_0-x_1}\right)^2$，可验证 $\beta_0(x_1)=0$，$\beta_0'(x_1)=0$，利用另外两个条件

$$\begin{cases}\beta_0(x_0)=Cx_0+D=0,\\ \beta_0'(x_0)=C+2(Cx_0+D)\dfrac{1}{x_0-x_1}=1,\end{cases}$$

求解可得

$$C=1,\quad D=-x_0.$$

于是有函数

$$\beta_0(x)=(x-x_0)\left(\frac{x-x_1}{x_0-x_1}\right)^2. \tag{4.36}$$

同理得到

$$\beta_1(x)=(x-x_1)\left(\frac{x-x_0}{x_1-x_0}\right)^2. \tag{4.37}$$

将函数(4.34)~(4.37)代入式(4.33)，得到插值多项式

$$H_3(x)=\left(1-2\frac{x-x_0}{x_0-x_1}\right)\left(\frac{x-x_1}{x_0-x_1}\right)^2 y_0+\left(1-2\frac{x-x_1}{x_1-x_0}\right)\left(\frac{x-x_0}{x_1-x_0}\right)^2 y_1+$$
$$(x-x_0)\left(\frac{x-x_1}{x_0-x_1}\right)^2 m_0+(x-x_1)\left(\frac{x-x_0}{x_1-x_0}\right)^2 m_1. \tag{4.38}$$

上式称为三次 **Hermite 插值多项式**，其余项为

$$R_3(x)=f(x)-H_3(x)=\frac{1}{4!}f^{(4)}(\xi)(x-x_0)^2(x-x_1)^2,$$

这里 ξ 依赖于 x.

上面介绍了两种典型 Hermite 插值问题的解法，例 4.3 将所求的多项式 $H(x)$ 分解为 $q(x)+r(x)$ 的形式，$q(x)$ 用 Newton 插值法或者 Lagrange 插值法确定，$r(x)$ 用待定系数法确定. 例 4.4 采用了每个点分别构造两个基函数，再与该点函数值和导数值组合的方法. 其他类似问题可仿照这两类方法求解.

重点精讲

§ 4.6　分段插值

4.6 分段低次插值

在一个较大的区间 $[a,b]$ 上，如果用过两个点的线性插值函数近似 $f(x)$，效果显然不会很好. 为了提高近似效果，一种方法是插入新节点. 随着新节点的不断插入，插值多项式的次数通常会逐渐增高. 节点数增多固然使插值多项式在更多的节点处与被插值函数有相同的函数值，但在两相邻插值节点之间，插值函数未必能够很好地近似被插值函数，它们之间甚至会有非常大的差异，即收敛性得不到保证，因此在实际中很少采用七、八次以上的高次插值. 图 4.1 所示的是在区间 $[-5,5]$ 上，分别采用基于等距节点的五次和十次 Lagrange 插值多项式对函数 $f(x)=\dfrac{1}{1+x^2}$ 进行近似的情况. 不难

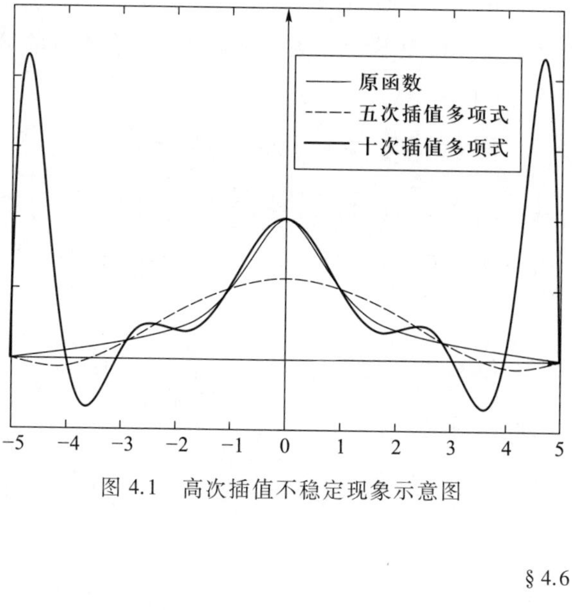

图 4.1　高次插值不稳定现象示意图

看出，随着插值多项式次数的增加，插值函数在节点间震荡得很厉害.

另一种提高近似效果的方法是插入节点将区间分成很多小区间，在每个小区间上采用低次(一次或二次)插值，即**分段插值**方法.

一、分段 Lagrange 插值

设在区间$[a,b]$上有 $n+1$ 个点 $a=x_0<x_1<\cdots<x_n=b$，它们将区间分成了 n 个小区间.若已知函数$f(x)$在每个点上的函数值分别为 $y_i=f(x_i)(i=0,1,2,\cdots,n)$，在每个小区间$[x_{i-1},x_i](i=1,2,\cdots,n)$上作线性插值，最终得到一个**分段线性函数** $g_1(x)$.在每个小区间上，$g_1(x)$是线性函数.在整个区间$[a,b]$上，$g_1(x)$连续且经过所有点$\{(x_i,y_i)\}_{i=0}^n$.

$g_1(x)$在区间$[x_{i-1},x_i]$上的具体表达式为

$$g_1(x)=\frac{x-x_i}{x_{i-1}-x_i}y_{i-1}+\frac{x-x_{i-1}}{x_i-x_{i-1}}y_i. \tag{4.39}$$

依据构造 Lagrange 插值的思路，也可通过构造基函数的方法来构造 $g_1(x)$.若点 x_i 处的基函数 $\varphi_i(x)$满足以下条件：

(1) 在每个小区间上都是线性函数；

(2) $\varphi_i(x_k)=\begin{cases}0, & k\neq i,\\ 1, & k=i\end{cases}\quad (k=0,1,\cdots,n)$,

则 $g_1(x)$可以表示成上述基函数与函数值的线性组合，即 $g_1(x)=\sum\limits_{j=0}^{n}y_j\varphi_j(x)$.

分段线性插值多项式的余项可以通过定理 4.2 进行估计.

定理 4.3 设有节点 $a=x_0<x_1<\cdots<x_n=b$ 及相应的节点函数值$\{y_i\}_{i=0}^n$，$f''(x)$在$[a,b]$上存在，$g_1(x)$是基于点集$\{(x_i,y_i)\}_{i=0}^n$对$f(x)$的分段线性插值多项式，则有插值误差估计

$$|R(x)|=|f(x)-g_1(x)|\leqslant\frac{h^2}{8}M_2, \tag{4.40}$$

其中 $h=\max\limits_{1\leqslant i\leqslant n}|x_i-x_{i-1}|$，$M_2=\max\limits_{a\leqslant x\leqslant b}|f''(x)|$.

证明 根据式(4.5)，在每个区间$[x_{i-1},x_i]$ $(i=1,2,\cdots,n)$上 $g_1(x)$的插值余项为

$$R_i(x)=\frac{1}{2!}f''(\xi_i)(x-x_{i-1})(x-x_i),$$

其中 $\xi_i\in(x_{i-1},x_i)$.取绝对值

$$|R_i(x)|=\frac{1}{2!}|f''(\xi_i)|\cdot|(x-x_{i-1})(x-x_i)|$$

$$\leqslant \frac{1}{8} \max_{x_{i-1} \leqslant x \leqslant x_i} |f''(x)| \cdot (x_i - x_{i-1})^2.$$

在整个区间$[a,b]$上，记 $h = \max\limits_{1 \leqslant i \leqslant n} |x_i - x_{i-1}|$，$M_2 = \max\limits_{a \leqslant x \leqslant b} |f''(x)|$，则有

$$|R(x)| \leqslant \frac{h^2}{8} M_2.$$

从而定理得证.

类似地，可构造**分段二次插值函数** $g_2(x)$. 将整个区间$[a,b]$分成 n(n 为偶数)个小区间，在区间$[x_{2i}, x_{2i+2}]$ $\left(i=0,1,\cdots,\frac{n}{2}-1\right)$上，$g_2(x)$的表达式为

$$g_2(x) = \frac{(x - x_{2i+1})(x - x_{2i+2})}{(x_{2i} - x_{2i+1})(x_{2i} - x_{2i+2})} y_{2i} + \frac{(x - x_{2i})(x - x_{2i+2})}{(x_{2i+1} - x_{2i})(x_{2i+1} - x_{2i+2})} y_{2i+1} + \frac{(x - x_{2i})(x - x_{2i+1})}{(x_{2i+2} - x_{2i})(x_{2i+2} - x_{2i+1})} y_{2i+2}. \tag{4.41}$$

类似定理 4.3 的证明，可推出分段二次插值的插值余项为

$$|R(x)| = |f(x) - g_2(x)| \leqslant \frac{\sqrt{3}}{216} h^3 M_3,$$

其中 $h = \max\limits_{0 \leqslant i \leqslant \frac{n}{2}-1} |x_{2i+2} - x_{2i}|$，$M_3 = \max\limits_{a \leqslant x \leqslant b} |f'''(x)|$.

分段插值函数虽在插值节点上连续，但在节点上导数不一定存在，故光滑性比较差.

二、分段 Hermite 插值

在 4.5 节的例 4.4 中构造了两点三次 Hermite 插值多项式，结合分段插值的思想可以构造**分段三次 Hermite 插值**，即在每个小区间$[x_{i-1}, x_i]$上构造两点三次 Hermite 插值 $H_3(x)$. 相应的插值条件为

$$\begin{cases} H_3(x_i) = y_i, \\ H_3'(x_i) = m_i \end{cases} \quad (i = 0,1,2,\cdots,n).$$

在区间$[x_{i-1}, x_i]$ $(i=1,2,\cdots,n)$上，利用式(4.38)，将节点 x_0, x_1 替换为 x_{i-1}，x_i，就得到分段三次 Hermite 插值多项式

$$H_3(x) = \left(1 - 2\frac{x - x_{i-1}}{x_{i-1} - x_i}\right)\left(\frac{x - x_i}{x_{i-1} - x_i}\right)^2 y_{i-1} + \left(1 - 2\frac{x - x_i}{x_i - x_{i-1}}\right)\left(\frac{x - x_{i-1}}{x_i - x_{i-1}}\right)^2 y_i + (x - x_{i-1})\left(\frac{x - x_i}{x_{i-1} - x_i}\right)^2 m_{i-1} + (x - x_i)\left(\frac{x - x_{i-1}}{x_i - x_{i-1}}\right)^2 m_i. \tag{4.42}$$

$H_3(x)$具有以下性质：

(1) $H_3'(x)$在区间$[a,b]$上是连续函数；

(2) 在插值节点 x_i 上，$H_3(x_i)=y_i, H_3'(x_i)=m_i$；

(3) 在每个小区间$[x_{i-1},x_i]$ $(i=1,2,\cdots,n)$上，$H_3(x)$是不超过三次的多项式.

与分段线性插值函数 $g_1(x)$ 和分段二次插值函数 $g_2(x)$ 相比，虽然分段 Hermite 插值$H_3(x)$对$f(x)$有着更好的近似效果，但在构造 $H_3(x)$ 时，不仅需要每个节点上函数值还需要每个节点上的导数值，过多的数据要求限制了它在工程上的使用.工程中常采用不需要节点导数信息却依然能达到二阶光滑性的三次样条插值方法.

§4.7 三次样条插值

一、三次样条插值函数的定义

设$\{x_i\}_{i=0}^{n}$是区间$[a,b]$上的 $n+1$ 个互异节点，若函数 $S(x)$ 满足条件：

(1) 在区间$[a,b]$上 $S(x)$ 具有连续二阶导数；

(2) 在每个小区间$[x_{i-1},x_i]$ $(i=1,2,3,\cdots,n)$上，$S(x)$是一个不超过三次的多项式；

(3) 在节点处满足插值条件 $S(x_i)=y_i$ $(i=0,1,2,\cdots,n)$，

则称 $S(x)$ 为 $f(x)$ 关于节点$\{x_i\}_{i=0}^{n}$的**三次样条插值函数**.

在每个小区间上，由于 $S(x)$ 是不超过三次的多项式，故有四个待定系数需要确定.对于所有的 n 个小区间，总共需要确定 $4n$ 个待定系数.依据三次样条插值函数的定义，已有如下 $4n-2$ 个约束：

$$\text{边界节点处：}\quad \begin{cases} S(x_0+0)=f(x_0), \\ S(x_n-0)=f(x_n); \end{cases}$$

$$\text{内节点 } x_i \text{ 处：}\quad \begin{cases} S(x_i-0)=S(x_i+0), \\ S'(x_i-0)=S'(x_i+0), \\ S''(x_i-0)=S''(x_i+0), \\ S(x_i)=f(x_i), \end{cases} \qquad (i=1,2,\cdots,n-1).$$

要确定 $4n$ 个待定系数还需附加两个约束条件.通常在$[a,b]$的边界上补充两个边界条件，常用的边界条件有以下三种：

(1) 给定端点处的一阶导数值(转角边界条件)，即

$$S'(x_0)=m_0,\quad S'(x_n)=m_n. \tag{4.43}$$

（2）给定端点处的二阶导数值（弯矩边界条件），即

$$S''(x_0)=M_0,\quad S''(x_n)=M_n. \tag{4.44}$$

特别地，当 $M_0=M_n=0$ 时，称该条件为自然边界条件.

（3）周期性边界条件

$$\begin{cases}S'(x_0+0)=S'(x_n-0),\\ S''(x_0+0)=S''(x_n-0).\end{cases} \tag{4.45}$$

二、三次样条插值函数的构造

1. 三转角构造算法

设 $S'(x_i)=m_i(i=0,1,\cdots,n)$，并利用已知节点 $\{x_i\}_{i=0}^n$ 处函数值 $\{y_i\}_{i=0}^n$，由（4.42）得到每个区间 $[x_{i-1},x_i]$ 上的三次 Hermite 插值多项式

$$S_i(x)=\left(1-2\frac{x-x_{i-1}}{x_{i-1}-x_i}\right)\left(\frac{x-x_i}{x_{i-1}-x_i}\right)^2 y_{i-1}+\left(1-2\frac{x-x_i}{x_i-x_{i-1}}\right)\left(\frac{x-x_{i-1}}{x_i-x_{i-1}}\right)^2 y_i+$$
$$(x-x_{i-1})\left(\frac{x-x_i}{x_{i-1}-x_i}\right)^2 m_{i-1}+(x-x_i)\left(\frac{x-x_{i-1}}{x_i-x_{i-1}}\right)^2 m_i.$$

记 $h_i=x_i-x_{i-1}$，则上式可以写为

$$S_i(x)=\frac{(x-x_i)^2[h_i+2(x-x_{i-1})]}{h_i^3}y_{i-1}+\frac{(x-x_{i-1})^2[h_i+2(x_i-x)]}{h_i^3}y_i+$$
$$\frac{(x-x_i)^2(x-x_{i-1})}{h_i^2}m_{i-1}+\frac{(x-x_{i-1})^2(x-x_i)}{h_i^2}m_i.$$

利用 $S''(x)$ 在每个内节点 $\{x_i\}_{i=1}^{n-1}$ 处的连续性，得到含 $\{m_i\}_{i=0}^n$ 的 $n-1$ 个约束方程.引入记号 $\mu_i=\dfrac{h_i}{h_i+h_{i+1}}$，$\lambda_i=1-\mu_i$，则内节点 x_i 处基于二阶导数连续建立的方程为

$$\lambda_i m_{i-1}+2m_i+\mu_i m_{i+1}=f_i\quad(i=1,\cdots,n-1), \tag{4.46}$$

这里 $f_i=3\left(\mu_i\dfrac{y_{i+1}-y_i}{h_{i+1}}+\lambda_i\dfrac{y_i-y_{i-1}}{h_i}\right)$.

对第一种边界条件，已知 m_0 和 m_n，可由式（4.46）解出其他的参数 $\{m_i\}_{i=1}^{n-1}$.对于第二类边界条件，由 $S''(x_0)=M_0$，$S''(x_n)=M_n$ 得到两个附加的约束方程

$$2m_0+m_1=3\frac{y_1-y_0}{h_1}-\frac{h_1}{2}M_0,$$

$$m_{n-1}+2m_n=3\frac{y_n-y_{n-1}}{h_n}+\frac{h_n}{2}M_n.$$

用求解三对角方程的追赶法解出 $\{m_i\}_{i=0}^{n}$. 在每个区间 $[x_{i-1},x_i]$ 上, 将 m_{i-1} 和 m_i 回代就得到三次样条插值函数 $S(x)$ 在该段上的表达形式.

2. 三弯矩构造算法

设 $S''(x_i)=M_i(i=0,1,2,\cdots,n)$, 由于在区间 $[x_{i-1},x_i]$ 上 $S''(x)$ 为线性函数, 故有

$$S''(x)=M_{i-1}\frac{x-x_i}{x_{i-1}-x_i}+M_i\frac{x-x_{i-1}}{x_i-x_{i-1}}=M_{i-1}\frac{x_i-x}{h_i}+M_i\frac{x-x_{i-1}}{h_i}.$$

对 $S''(x)$ 积分两次, 并利用插值条件 $S(x_{i-1})=f(x_{i-1})$ 和 $S(x_i)=f(x_i)$ 确定积分常数, 得

$$S(x)=M_{i-1}\frac{(x_i-x)^3}{6h_i}+M_i\frac{(x-x_{i-1})^3}{6h_i}+\left[f(x_{i-1})-\frac{M_{i-1}h_i^2}{6}\right]\frac{x_i-x}{h_i}+\left[f(x_i)-\frac{M_ih_i^2}{6}\right]\frac{x-x_{i-1}}{h_i}.$$

利用 $S'(x)$ 在内节点 $\{x_i\}_{i=1}^{n-1}$ 处的连续性, 得到含 $\{M_i\}_{i=0}^{n}$ 的 $n-1$ 个约束方程. 引入记号 $\lambda_i=\frac{h_i}{h_i+h_{i+1}},\ \mu_i=\frac{h_{i+1}}{h_i+h_{i+1}}$, 则有

$$\lambda_iM_{i-1}+2M_i+\mu_iM_{i+1}=6f[x_{i-1},x_i,x_{i+1}]\quad(i=1,2,\cdots,n-1).\tag{4.47}$$

对于已知 M_0,M_n 的第二类边界条件, 由方程组 (4.47) 求得其他参数 $\{M_i\}_{i=1}^{n-1}$. 对于第一类边界条件 $S'(x_0)=m_0,S'(x_n)=m_n$, 可得到两个附加约束方程

$$2M_0+M_1=6\frac{f[x_0,x_1]-m_0}{h_1},$$

$$M_{n-1}+2M_n=6\frac{m_n-f[x_{n-1},x_n]}{h_n}.$$

对于周期性边界条件, 可将方程组写为

$$\begin{pmatrix}2&\lambda_0&&&&\mu_0\\ \lambda_1&2&\mu_1&&&\\ &\lambda_2&2&\mu_2&&\\ &&\ddots&\ddots&\ddots&\\ &&&\lambda_{n-2}&2&\mu_{n-2}\\ \mu_{n-1}&&&&\lambda_{n-1}&2\end{pmatrix}\begin{pmatrix}M_0\\M_1\\M_2\\ \vdots\\M_{n-2}\\M_{n-1}\end{pmatrix}=6\begin{pmatrix}\{f[x_0,x_1]-f[x_{n-1},x_n]\}/(h_1+h_n)\\ f[x_0,x_1,x_2]\\ f[x_1,x_2,x_3]\\ \vdots\\ f[x_{n-3},x_{n-2},x_{n-1}]\\ f[x_{n-2},x_{n-1},x_n]\end{pmatrix},$$

式中 $\lambda_0=\dfrac{h_1}{h_1+h_n}$, $\mu_0=\dfrac{h_n}{h_1+h_n}$.

求解该方程组，在每个区间 $[x_{i-1},x_i]$ 上将解出的 M_{i-1} 和 M_i 回代就得到三次样条插值函数 $S(x)$ 在该区间上的表达式.

知识结构图

- 代数插值
  - Lagrange 插值
    - 构造方法
      - Lagrange 插值法
      - Newton 插值法
    - 插值余项
      - Lagrange 型余项
      - 差商型余项
    - 等距节点插值
    - 差商、差分的计算
  - Hermite 插值
    - 插值方法
    - 插值余项
  - 分段插值
    - 分段低次插值
    - 分段 Hermite 插值
    - 样条插值

习题四

1. 分别用 Lagrange 插值和 Newton 插值建立过点 $(-2,-1)$, $(0,1)$, $(3,-2)$, $(5,8)$ 的三次插值多项式.

2. 已知函数 $y=\cos x$ 的如下数据：

x_k	0.33	0.37	0.41	0.52
$\cos x_k$	0.946 042	0.932 327	0.917 121	0.867 819

构造差商表，并用三次插值多项式计算 cos 0.45 的近似值（保留 4 位有效数字）.

3. 已知单调连续函数 $y=f(x)$ 的下列数据：

x_k	−0.8	0.0	1.2	1.8
$f(x_k)$	−1.15	−0.87	1.00	2.21

试求方程 $f(x)=0$ 在区间 $[-0.8,1.8]$ 上根的近似值（保留 4 位有效数字）.

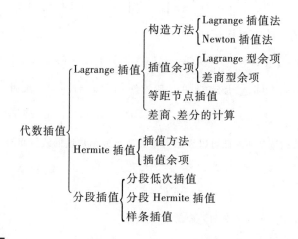

4. 设函数 $f(x)=\mathrm{e}^x(0\leqslant x\leqslant 1)$，试建立一个三次插值多项式 $H_3(x)$，使它满足如下插值条件：

$$H_3(0)=f(0),\quad H_3'(0)=f'(0),\quad H_3(1)=f(1),\quad H_3'(1)=f'(1),$$

并写出插值余项.

5. 若函数 $f(x)$ 在 $[a,b]$ 上有连续的四阶导数，试证明满足插值条件

$$H_3(a)=f(a),\quad H_3(b)=f(b),$$

$$H_3\left(\frac{a+b}{2}\right)=f\left(\frac{a+b}{2}\right),\quad H_3'\left(\frac{a+b}{2}\right)=f'\left(\frac{a+b}{2}\right)$$

的插值多项式 $H_3(x)$ 的截断误差为

$$f(x)-H_3(x)=\frac{f^{(4)}(\xi)}{4!}(x-a)\left(x-\frac{a+b}{2}\right)^2(x-b),\quad a<\xi<b.$$

6. 设函数 $f(x)$ 在 $[a,b]$ 上有连续的二阶导数，且 $f(a)=f(b)=0$，证明

$$\max_{a\leqslant x\leqslant b}|f(x)|\leqslant\frac{1}{8}(b-a)^2\max_{a\leqslant x\leqslant b}|f''(x)|.$$

7. 用数学归纳法证明差商可以表示为相关节点处函数值的线性组合，即对任意的正整数 n，有

$$f[x_0,x_1,\cdots,x_n]=\sum_{i=0}^{n}\frac{f(x_i)}{\omega_{n+1}'(x_i)}.$$

8. 证明等距节点上的差分与差商满足关系式

$$f[x_i,x_{i+1},\cdots,x_{i+n}]=\frac{\Delta^n f_i}{n!\ h^n}.$$

9. 函数 $l_i(x)(i=0,1,\cdots,n)$ 是关于互异节点 $\{x_i\}_{i=0}^{n}$ 的 Lagrange 插值基函数，证明

$$\sum_{j=0}^{n}x_j^k l_j(x)=x^k\quad(k=0,1,\cdots,n).$$

10. 用如下数据建立 $f(x)$ 在区间 $[0,3]$ 上的三次样条插值函数：

x_k	0	1	2	3
$f(x_k)$	0	3	4	6
$f'(x_k)$	1			0

11. (数值实验)设 $f(x)=\dfrac{1}{1+x^2}$，分别利用区间 $[-5,5]$ 的 4 等分点、6 等分点、8 等分点和 10 等分点构造四次、六次、八次和十次的插值多项式，并用 MATLAB 软件绘出它们的图形，观察随着次数的增加，近似效果会有怎样的变化？

第五章 曲线拟合的最小二乘法

在科学实验和统计分析中，常常需要从一组数据$\{(x_i, y_i)\}_{i=0}^n$出发，设计一条曲线$y=\phi(x)$来反映变量之间的依赖关系.若实验数据较多且数据含有误差，则没有必要强制曲线通过所有的数据点，只要求近似函数尽可能靠近这些离散数据点，这样的问题称为**曲线拟合问题**，$y=\phi(x)$称为**拟合曲线**.本章主要介绍用最小二乘法确定曲线拟合问题中的相关参数，并简要介绍函数的移动最小二乘近似法.

§5.1 引言

通过测量或者实验，得到一组实验数据$\{(x_i,y_i)\}_{i=0}^n$，这些数据可能带有测量误差而且数据量大.我们的目标是寻找出变量y随x的变化规律，即建立未知函数$y=f(x)$的近似表达式$\phi(x)$.由于数据较多，采用高次插值会产生数值不稳定现象，无法保证好的近似效果.另外实验得到的数据总存在观测误差，如果要求曲线$y=\phi(x)$通过所有的点会使曲线保留全部观测误差的影响，这是我们所不希望的.为此，本章介绍建立近似函数的另一种方法，即曲线拟合.

一般来说，对数据的曲线拟合并不保证所建立的近似表达式$\phi(x)$通过所有的离散数据点，而是在符合数据分布特征的某类曲线中，以一定的标准选择一条“最好”的曲线作为实验数据的连续模型.这个过程称为**曲线拟合**.常用的方法是让拟合曲线$\phi(x)$在采样点$\{x_i\}_{i=0}^n$处的函数值$\{\phi(x_i)\}_{i=0}^n$与实验数据$\{y_i\}_{i=0}^n$之间误差最小.度量误差的方法很多,用 $\delta_i=\phi(x_i)-y_i$ 表示在 x_i 处的残差,使 $\sum\limits_{i=0}^{n}\delta_i^2$ 最小来选择拟合函数 $\phi(x)$ 的方法称为**曲线拟合的最小二乘法**.

当 $\phi(x)$ 是基函数 $\phi_0(x),\phi_1(x),\cdots,\phi_m(x)$ 的线性组合时,即有

$$\phi(x)=c_0\phi_0(x)+c_1\phi_1(x)+\cdots+c_m\phi_m(x)\quad(m<n),\tag{5.1}$$

其中 $\{c_i\}_{i=0}^{m}$ 为**待定系数**,待定系数的确定方法是本章的主要内容.

重点精讲

§ 5.2 线性代数方程组的最小二乘解

5.1 最小二乘解

由于拟合函数(5.1)的待定系数个数 $m+1$ 少于实验数据的个数 $n+1$,将实验数据代入拟合函数会得到一个包含 $m+1$ 个未知数却由 $n+1$ 个方程组成的线性方程组.下面考虑更一般的情形.

设有方程组 $\boldsymbol{Ax}=\boldsymbol{b}$,即

$$\sum_{j=1}^{m}a_{ij}x_j=b_i\quad(i=1,2,\cdots,n),\tag{5.2}$$

其矩阵形式为

$$\begin{pmatrix}a_{11}&a_{12}&\cdots&a_{1m}\\a_{21}&a_{22}&\cdots&a_{2m}\\\vdots&\vdots&&\vdots\\a_{n1}&a_{n2}&\cdots&a_{nm}\end{pmatrix}\begin{pmatrix}x_1\\x_2\\\vdots\\x_m\end{pmatrix}=\begin{pmatrix}b_1\\b_2\\\vdots\\b_n\end{pmatrix}.$$

在线性代数中,关于方程组 $\boldsymbol{Ax}=\boldsymbol{b}$,若增广矩阵 $(\boldsymbol{A}\mid\boldsymbol{b})$ 的秩不等于系数矩阵 $\boldsymbol{A}$ 的秩,则方程组无解,这时的线性方程组称为**矛盾方程组**.当方程组(5.2)是矛盾方程组时,不存在精确满足(5.2)中每个方程的解.我们只好退而求其次,寻找未知数的一组取值,使方程组(5.2)中的各式尽量好的近似满足.对于一组数 $(x_1,x_2,\cdots,x_m)^{\mathrm{T}}$,式(5.2)中第 $i(i=1,2,\cdots,n)$ 个方程的残差 δ_i 为

$$\delta_i=\sum_{j=1}^{m}a_{ij}x_j-b_i.$$

δ_i 越小,第 i 个方程近似满足的程度越好.为了便于分析计算,常选择解向量使所有残差的平方和

$$F(x_1,x_2,\cdots,x_m)=\sum_{i=1}^{n}\delta_i^2=\sum_{i=1}^{n}\Big(\sum_{j=1}^{m}a_{ij}x_j-b_i\Big)^2\tag{5.3}$$

达到最小,这一条件称为**最小二乘原则**.基于这一原则来确定未知解向量 $(x_1,x_2,\cdots,x_m)^{\mathrm{T}}$ 的方法称为求解线性方程组的**最小二乘法**,符合最小二乘原则的解

向量称为方程组(5.2)的**最小二乘解**.

从式(5.3)看出 F 是一个关于 $x_1,x_2,\cdots,x_m$ 的二次函数,使 F 取得极值的必要条件是

$$\frac{\partial F}{\partial x_k}=\sum_{i=1}^{n}\left[2\left(\sum_{j=1}^{m}a_{ij}x_j-b_i\right)\cdot a_{ik}\right]=0\quad(k=1,2,\cdots,m). \tag{5.4}$$

将式(5.4)表示的 m 个方程联立得到方程组 $\boldsymbol{Cx}=\boldsymbol{d}$,即

$$\begin{pmatrix}\sum\limits_{i=1}^{n}a_{i1}^2 & \sum\limits_{i=1}^{n}a_{i1}a_{i2} & \cdots & \sum\limits_{i=1}^{n}a_{i1}a_{im}\\ \sum\limits_{i=1}^{n}a_{i2}a_{i1} & \sum\limits_{i=1}^{n}a_{i2}^2 & \cdots & \sum\limits_{i=1}^{n}a_{i2}a_{im}\\ \vdots & \vdots & & \vdots\\ \sum\limits_{i=1}^{n}a_{im}a_{i1} & \sum\limits_{i=1}^{n}a_{im}a_{i2} & \cdots & \sum\limits_{i=1}^{n}a_{im}^2\end{pmatrix}\begin{pmatrix}x_1\\x_2\\\vdots\\x_m\end{pmatrix}=\begin{pmatrix}\sum\limits_{i=1}^{n}a_{i1}b_i\\ \sum\limits_{i=1}^{n}a_{i2}b_i\\ \vdots\\ \sum\limits_{i=1}^{n}a_{im}b_i\end{pmatrix}. \tag{5.5}$$

包含 m 个方程、m 个未知数的线性方程组(5.5)称为对应于矛盾方程组(5.2)的**正规方程组(法方程组)**.对比方程组(5.2)和(5.5)的系数矩阵,不难发现

$$\boldsymbol{C}=\boldsymbol{A}^{\mathrm{T}}\boldsymbol{A},\quad \boldsymbol{d}=\boldsymbol{A}^{\mathrm{T}}\boldsymbol{b}.$$

如果系数矩阵 $\boldsymbol{A}$ 的 m 个列向量线性无关,可以证明正规方程组系数矩阵 $\boldsymbol{C}$ 对称正定,这时正规方程组有唯一解,此解就是矛盾方程组的最小二乘解.证明参见文献[6].

重点精讲

5.2 曲线最小二乘拟合

§5.3 曲线最小二乘拟合

假定拟合曲线为

$$\phi(x)=c_0\phi_0(x)+c_1\phi_1(x)+\cdots+c_m\phi_m(x)\quad(m<n), \tag{5.6}$$

若试图插值,即 $\phi(x_i)=y_i(i=0,1,2,\cdots,n)$,则得到一个关于未知数 $c_0,c_1,\cdots,c_m$ 的线性方程组

$$\begin{cases}c_0\phi_0(x_0)+c_1\phi_1(x_0)+\cdots+c_m\phi_m(x_0)=y_0,\\ c_0\phi_0(x_1)+c_1\phi_1(x_1)+\cdots+c_m\phi_m(x_1)=y_1,\\ \cdots\cdots\cdots\cdots\\ c_0\phi_0(x_n)+c_1\phi_1(x_n)+\cdots+c_m\phi_m(x_n)=y_n.\end{cases} \tag{5.7}$$

写成矩阵形式为 $\boldsymbol{Ax}=\boldsymbol{b}$，其中

$$\boldsymbol{A}=\begin{pmatrix}\phi_0(x_0) & \phi_1(x_0) & \cdots & \phi_m(x_0)\\ \phi_0(x_1) & \phi_1(x_1) & \cdots & \phi_m(x_1)\\ \vdots & \vdots & & \vdots\\ \phi_0(x_n) & \phi_1(x_n) & \cdots & \phi_m(x_n)\end{pmatrix},$$

$$\boldsymbol{x}=(c_0,c_1,\cdots,c_m)^{\mathrm{T}},\quad \boldsymbol{b}=(y_0,y_1,\cdots,y_n)^{\mathrm{T}}.$$

由于 $m<n$，$(\boldsymbol{A}\mid\boldsymbol{b})$的秩常常不等于 $\boldsymbol{A}$ 的秩，即方程组(5.7)是矛盾方程组，这时只能进行曲线拟合.常采用最小二乘曲线拟合法使得函数在各点的误差平方和

$$\sum_{i=0}^{n}\delta_i^2=\sum_{i=0}^{n}[\phi(x_i)-y_i]^2=\sum_{i=0}^{n}[c_0\phi_0(x_i)+c_1\phi_1(x_i)+\cdots+c_m\phi_m(x_i)-y_i]^2$$

达到最小.根据 5.2 节的内容知，求解线性方程组 $\boldsymbol{Ax}=\boldsymbol{b}$ 的正规方程组 $\boldsymbol{A}^{\mathrm{T}}\boldsymbol{Ax}=\boldsymbol{A}^{\mathrm{T}}\boldsymbol{b}$ 就可以求得上式的最小值点 $\boldsymbol{x}$.经计算，其正规方程组为

$$\begin{pmatrix}(\phi_0,\phi_0) & (\phi_0,\phi_1) & \cdots & (\phi_0,\phi_m)\\ (\phi_1,\phi_0) & (\phi_1,\phi_1) & \cdots & (\phi_1,\phi_m)\\ \vdots & \vdots & & \vdots\\ (\phi_m,\phi_0) & (\phi_m,\phi_1) & \cdots & (\phi_m,\phi_m)\end{pmatrix}\begin{pmatrix}c_0\\ c_1\\ \vdots\\ c_m\end{pmatrix}=\begin{pmatrix}(\phi_0,\boldsymbol{b})\\ (\phi_1,\boldsymbol{b})\\ \vdots\\ (\phi_m,\boldsymbol{b})\end{pmatrix},\tag{5.8}$$

其中

$$(\phi_k,\phi_j)=\sum_{i=0}^{n}\phi_k(x_i)\phi_j(x_i),\quad(\phi_k,\boldsymbol{b})=\sum_{i=0}^{n}\phi_k(x_i)y_i.\tag{5.9}$$

例 5.1 设在某实验中，测得某种电器在不同电压 y_k(单位:V)下的电流值 x_k(单位:A)如表 5.1，试用最小二乘法拟合表中数据.

表 5.1 某种电器在不同电压下的电流值

x_k	1.52	1.55	1.57	1.61	1.64	1.67	1.69	1.73
y_k	150	160	170	180	190	200	210	220

解 将所给的数据标在坐标纸上(如图 5.1 所示).从图 5.1 容易看出这些点分布在一条直线附近，故假设电压和电流符合线性模型 $y=c_0+c_1x$，其中 c_0,c_1 为待定系数.从模型可知 $\phi_0(x)=1,\phi_1(x)=x$.参数 $m=1,n=7$.依据式(5.8)，得正规方程组

$$\begin{cases}8c_0+\left(\sum_{i=0}^{7}x_i\right)\cdot c_1=\sum_{i=0}^{7}y_i,\\ \left(\sum_{i=0}^{7}x_i\right)\cdot c_0+\left(\sum_{i=0}^{7}x_i^2\right)\cdot c_1=\sum_{i=0}^{7}x_i\cdot y_i.\end{cases}$$

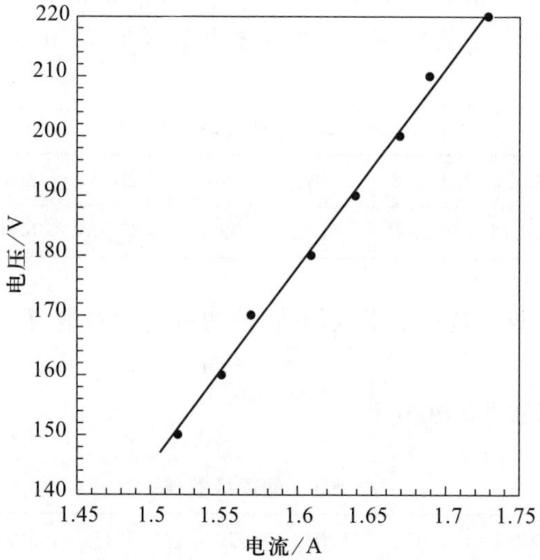

图 5.1　实验数据分布图

将数据代入后计算得

$$\begin{cases}8c_0+12.98c_1=1\,480,\\12.98c_0+21.097\,4c_1=2\,413.8.\end{cases}$$

解得

$$c_0=-358.005\,3,\quad c_1=334.672\,0.$$

于是得到拟合曲线方程

$$y=-358.005\,3+334.672\,0x.$$

在许多实际问题中，待拟合的曲线并不一定是一组已知函数的线性组合，比如随年份变化的人口模型为一种指数模型 $y=ae^{bx}$. 在拟合这类问题时，一般应将关于参数的非线性关系线性化.

如对于指数模型 $y=ae^{bx}$，通过两边取自然对数得到

$$\ln y=\ln a+bx.$$

这样 $\ln y$ 是函数 1 和 x 的线性组合，组合系数为 $\ln a$ 和 b.

再如 $y=\frac{ax}{b+x}$，可以将形式改写为

$$\frac{1}{y}=\frac{1}{a}+\frac{b}{a}\frac{1}{x}.$$

这样$\frac{1}{y}$就成了 1 和$\frac{1}{x}$的线性组合，组合系数为$\frac{1}{a}$和$\frac{b}{a}$.

例 5.2 人口理论指数模型为 $y=\mathrm{e}^{a+bt}$,这里 y 表示世界人口(单位:亿),t 表示年份.试用表 5.2 提供的数据,确定待定参数 a 和 b,并预测 2019 年的世界人口.

表 5.2 世界人口数据

t_k	2010	2011	2012	2013	2014	2015	2016	2017	2018
y_k	67.14	70.15	71.00	71.85	72.71	73.58	74.44	75.30	75.79

解 所求拟合函数是一个指数函数,两边取自然对数,得

$$\ln y = a + bt.$$

建立新的数据表如表 5.3 所示

表 5.3 处理后数据

t_k	2010	2011	2012	2013	2014	2015	2016	2017	2018
$\ln y_k$	4.206 8	4.250 6	4.262 7	4.274 6	4.286 5	4.298 4	4.310 0	4.321 5	4.328 0

用最小二乘法确定拟合模型 $\ln y=a+bt$ 中的参数 a 和 b.依据式(5.8),得正规方程组

$$\begin{pmatrix} 9 & 18\ 126 \\ 18\ 126 & 36\ 505\ 824 \end{pmatrix}\begin{pmatrix} a \\ b \end{pmatrix}=\begin{pmatrix} 38.539\ 1 \\ 77\ 618.563\ 3 \end{pmatrix}.$$

解得 $a=-23.104\ 9$,$b=0.013\ 6$,于是

$$\ln y=-23.104\ 9+0.013\ 6t.$$

进而,人口模型的最小二乘拟合曲线为 $y=\mathrm{e}^{-23.104\ 9+0.013\ 6\ t}$.据此模型预测 2019 年的世界人口为 77.75 亿,实际统计人口为 77.5 亿.

§ 5.4 移动最小二乘近似

移动最小二乘法,最早由 Lancaster 和 Salkauskas[28] 在 20 世纪 80 年代初提出,主要用来进行曲线、曲面的拟合.近年来在工程计算领域,特别是偏微分方程数值解方面得到广泛应用.本章 5.3 节建立的曲线拟合模型具有全局性质,模型中的参数 $\{c_i\}_{i=0}^{m}$ 是不随自变量 x 变化的.这种方法的优点是模型一旦建立,一劳永逸,对所有的自变量 x 均适用,不足之处有两方面:一是由于模型因问题不同而千变万化,很难给出一个系统的、统一的模型确定方法;二是当模型不是已知函数的线性组合时,参数很难确定.对于一个复杂的连续函数,在每一点的局部

则可以用简单的函数如一次函数、二次函数等的线性组合来近似，其参数可以用最小二乘法确定.由于每一点的局部都是用最小二乘法确定参数，故将这一方法称为**移动最小二乘法**.下面在一维情形下对这种方法作简单介绍.

已知函数 $y=f(x)$ 在求解区间 $[a,b]$ 上 n 个节点 $\{x_i\}_{i=1}^n$ 处的函数值 $\{y_i\}_{i=1}^n$，在点 $x\in[a,b]$ 附近的近似函数 $\phi(x)$ 可表示为

$$\phi(x)=\sum_{i=1}^{m}p_i(x)a_i(x)=\boldsymbol{p}^{\mathrm{T}}(x)\boldsymbol{a}(x), \tag{5.10}$$

这里 $\boldsymbol{p}^{\mathrm{T}}(x)$ 表示一组基函数，m 为基函数的个数，$\boldsymbol{a}(x)=(a_1(x),a_2(x),\cdots,a_m(x))^{\mathrm{T}}$ 为待定系数.与常规的模型相比，这里的参数向量 $\boldsymbol{a}(x)$ 不是常数向量，而是随坐标 x 的变化而变化.一维基函数常选用如下的单项式基函数：

线性基函数：$\boldsymbol{p}^{\mathrm{T}}(x)=(1,x)\quad(m=2)$；

二次基函数：$\boldsymbol{p}^{\mathrm{T}}(x)=(1,x,x^2)\quad(m=3)$；

…………

如图 5.2 所示，式(5.10)对应的局部近似为

$$\phi(x,\bar{x})=\sum_{i=1}^{m}p_i(\bar{x})a_i(x)=\boldsymbol{p}^{\mathrm{T}}(\bar{x})\boldsymbol{a}(x), \tag{5.11}$$

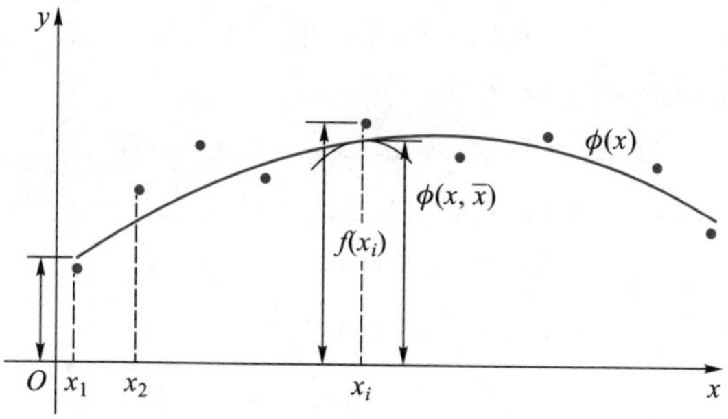

图 5.2　移动最小二乘近似示意图

这里 $\bar{x}$ 表示 x 的邻域内的点的坐标.在确定参数 $\boldsymbol{a}(x)$ 时，一般认为距离 x 远的节点对 $\boldsymbol{a}(x)$ 有较小的影响，过远就可以忽略其影响.为此需要引入权函数 $w(s)$，它是一个单调减小的非负函数，且 $s\geqslant 1$ 时其值为零.如下面给出的在工程中应用很广泛的三次样条权函数

$$w(s)=\begin{cases}\dfrac{2}{3}-4s^2+4s^3, & s\leqslant 0.5,\\[2mm] \dfrac{4}{3}-4s+4s^2-\dfrac{4s^3}{3}, & 0.5<s\leqslant 1,\\[2mm] 0, & s>1.\end{cases}$$

对于计算点 x 而言，节点 x_i 的权值为 $w_i(x)=w\left(\frac{|x-x_i|}{r}\right)$，即仅仅位于以计算点 x 为中心、r 为半径的开区间内的节点对点 x 处函数值的近似计算有贡献. 将这些节点进行编号，不妨依然记为 $\{x_i\}_{i=1}^{N}(N\leqslant n)$. 现在用最小二乘法确定式(5.11)中的系数 $\boldsymbol{a}(x)$，使得近似函数 $\phi(x,\bar{x})$ 在这 N 个节点处的函数值与函数 $f(x)$ 的函数值的差异的加权平方和达到最小，即使

$$
\begin{aligned}
J &= \sum_{i=1}^{n} w_i(x)\left[\phi(x_i)-f(x_i)\right]^2 \\
&= \sum_{i=1}^{N} w_i(x)\left[\sum_{j=1}^{m} p_j(x_i)a_j(x)-f(x_i)\right]^2
\end{aligned} \tag{5.12}
$$

取最小值，所以有

$$
\frac{\partial J}{\partial a_k(x)} = 2\sum_{i=1}^{N} w_i(x)\left[\sum_{j=1}^{m} p_j(x_i)a_j(x)-f(x_i)\right]p_k(x_i)=0 \quad (k=1,2,\cdots,m).
$$

由此得到

$$
\sum_{j=1}^{m}\left[\sum_{i=1}^{N} w_i(x)p_j(x_i)p_k(x_i)\right]a_j(x)=\sum_{i=1}^{N} w_i(x)p_k(x_i)f(x_i). \tag{5.13}
$$

将式(5.13)表示的方程组写成矩阵形式为

$$
\boldsymbol{A}(x)\boldsymbol{a}(x)=\boldsymbol{B}(x)\boldsymbol{f}, \tag{5.14}
$$

其中 $\boldsymbol{A}(x)=\boldsymbol{P}^{\mathrm{T}}\boldsymbol{W}(x)\boldsymbol{P}$，$\boldsymbol{B}(x)=\boldsymbol{P}^{\mathrm{T}}\boldsymbol{W}(x)$，

$$
\boldsymbol{a}(x)=(a_1(x),a_2(x),\cdots,a_m(x))^{\mathrm{T}},
$$

$$
\boldsymbol{f}=(f(x_1),f(x_2),\cdots,f(x_N))^{\mathrm{T}},
$$

$$
\boldsymbol{P}=\begin{pmatrix}
p_1(x_1) & p_2(x_1) & \cdots & p_m(x_1)\\
p_1(x_2) & p_2(x_2) & \cdots & p_m(x_2)\\
\vdots & \vdots & & \vdots\\
p_1(x_N) & p_2(x_N) & \cdots & p_m(x_N)
\end{pmatrix},
$$

$$
\boldsymbol{W}(x)=\begin{pmatrix}
w_1(x) & 0 & \cdots & 0\\
0 & w_2(x) & \cdots & 0\\
\vdots & \vdots & & \vdots\\
0 & 0 & \cdots & w_N(x)
\end{pmatrix}.
$$

由式(5.14)可知

$$
\boldsymbol{a}(x)=\boldsymbol{A}^{-1}(x)\boldsymbol{B}(x)\boldsymbol{f}. \tag{5.15}
$$

为保证 $\boldsymbol{A}(x)$ 可逆，计算点 x 的决定域内要求有足够多的节点，即使得 $w_i(x)\neq 0$ 的节点 x_i 足够多，且矩阵 $\boldsymbol{P}$ 列满秩[29]. 将式(5.15)代入式(5.11)得

$$
\phi(x,\bar{x})=\boldsymbol{p}^{\mathrm{T}}(\bar{x})\boldsymbol{a}(x)=\left[\boldsymbol{p}^{\mathrm{T}}(\bar{x})\boldsymbol{A}^{-1}(x)\boldsymbol{B}(x)\right]\cdot\boldsymbol{f}. \tag{5.16}
$$

取 $\phi(x)=\phi(x,\bar{x})\big|_{\bar{x}=x}$，即对任意计算点 x 采用如上相同的计算过程进行近似，于是对求解域 $[a,b]$ 中的所有点都可以建立相应的近似.

知识结构图

- 线性方程组最小二乘解 $\xrightarrow{\text{转化为}}$ 正规方程组的解
- 最小二乘曲线拟合
  - 最小二乘多项式拟合
    - 线性模型拟合
    - 非线性模型拟合
  - 移动最小二乘法

习题五

1. 用最小二乘法求解下列矛盾方程组：

(1) $\begin{pmatrix}2&0\\4&2\\0&2\end{pmatrix}\begin{pmatrix}x_1\\x_2\end{pmatrix}=\begin{pmatrix}2\\4\\6\end{pmatrix}$；　　(2) $\begin{pmatrix}1&2&1\\1&2&1\\0&3&2\end{pmatrix}\begin{pmatrix}x_1\\x_2\\x_3\end{pmatrix}=\begin{pmatrix}1\\1\\1\end{pmatrix}$.

2. 已知 $n+1$ 个节点处的函数值 $y_i=f(x_i)$ $(i=0,1,2,\cdots,n)$，用常值函数拟合这组数据.

3. 用最小二乘法确定抛物线模型 $y=a+bx^2$ 中的参数 a 和 b，使其与下面的数据拟合：

x_k	19	25	31	38	44
y_k	19.0	32.3	49.0	73.3	97.8

4. 设一发射源的发射强度公式为 $I=I_0\mathrm{e}^{-at}$，测得 I 和 t 的数据如下表：

t_k	0.2	0.3	0.4	0.5	0.6
I_k	4.52	4.31	4.11	3.88	3.69

试用最小二乘法确定 I_0 和 a.

5.（数值实验）在区间 $[0,0.5]$ 上等距分布 6 个节点，在每个节点 x_i 上定义两种权函数，第一种所有节点的权函数为 $w_i(x)=1,\ \forall x\in[0,0.5]$；第二种权函数采用 5.4 节列出的三次样条函数，这里 $w_i(x)=w\left(\dfrac{|x-x_i|}{0.2}\right)$. 试分别用这两种权函数的移动最小二乘法计算 $\sin 0.25$ 的近似值. 数据如下表：

x_k	0	0.1	0.2	0.3	0.4	0.5
$\sin x_k$	0	0.099 8	0.198 7	0.295 5	0.389 4	0.479 4

第六章　数值微分与数值积分

本章利用函数插值理论，构造相应的数值微分与数值积分计算公式，并介绍了 Richardson（理查森）外推技巧以提高这些公式的计算精度；另外，本章对所建立公式的收敛性及数值稳定性也进行了分析；对于数值积分公式，给出了精度的评价标准——代数精度，并由此出发，建立了精度最高的 Gauss 型求积公式.

§6.1　引言

尽管微积分是现代科学的重要基础与起点，并且已在物理、力学、化学、生物等自然科学领域以及经济、管理等社会科学领域中有了非常广泛的应用，然而在微积分计算中，还至少面临着如下问题.

（1）被积函数的原函数不易求出或者根本不能用初等函数表出.例如，概率积分

$$p(t)=\frac{2}{\sqrt{\pi}}\int_0^t \mathrm{e}^{-x^2}\mathrm{d}x \quad (0 \leqslant t < +\infty)$$

和椭圆积分

$$e(t)=\int_0^t \sqrt{1+k^2\sin^2 x}\,\mathrm{d}x \quad (0 \leqslant t \leqslant 2\pi).$$

（2）被积函数的表达式形式过于复杂，对其直接进行积分、求导运算，计算量很大；甚至对于一些形式简单的函数进行积分，得到的原函数也可能非常复

杂.例如,

$$\int \frac{\mathrm{d}x}{2+\cos x}=\frac{2\sqrt{3}}{3}\arctan\left(\frac{\sqrt{3}}{3}\tan\frac{x}{2}\right)+C.$$

更重要的是,尽管上式形式上是精确的,然而,用上式计算定积分时,因函数值不能做到精确计算,最终得到的结果仍然是近似的,并且所引入的正切值和反正切值的计算量也不小.

(3) 被积函数本身就是离散函数,如实验数据等,用经典的微积分知识无法求其导数值和积分值.

在计算机发展迅速的今天,上述困难可以用数值的方法予以解决.本章主要介绍常用的数值微积分公式及其相关理论.

重点精讲

§6.2 数值微分公式

6.1 数值微分

在微分学中,函数的导数是通过导数定义或求导法则求得的.然而,如果需要利用函数在相关离散节点处的函数值近似计算其导数,就要寻求其他的方法.一种方法是利用离散数据进行插值,然后用插值函数的导数作为被插值函数导数的近似;另一种方法是将不同点的函数值在某一点进行 Taylor 展开,然后用其线性组合建立函数的导数值近似表达;另外,还可以根据数值微分公式的截断误差,通过 Richardson 外推技巧建立更高精度的数值微分公式.

一、插值法

考虑以表格形式给出的定义于区间$[a,b]$上的离散函数:$y_i=f(x_i)$ $(i=0,1,2,\cdots,n)$,用第四章的插值方法建立该函数的插值多项式$p_n(x)$.由于多项式的导数容易求得,可以取$p_n(x)$的导数作为函数$f(x)$导数的近似,即取$f'(x)\approx p_n'(x)$.由

$$f(x)=p_n(x)+\frac{f^{(n+1)}(\xi)}{(n+1)!}\omega_{n+1}(x)\quad(a<\xi<b) \tag{6.1}$$

得到

$$f'(x)=p_n'(x)+\frac{f^{(n+1)}(\xi)}{(n+1)!}\omega_{n+1}'(x)+\frac{\omega_{n+1}(x)}{(n+1)!}\frac{\mathrm{d}}{\mathrm{d}x}f^{(n+1)}(\xi). \tag{6.2}$$

上式中的ξ是与x有关的未知数,因此对于$\frac{\mathrm{d}}{\mathrm{d}x}f^{(n+1)}(\xi)$很难做出估计.但是,在插

值节点 x_i 处的导数值可表示为

$$f'(x_i)=p_n'(x_i)+\frac{f^{(n+1)}(\xi)}{(n+1)!}\omega_{n+1}'(x_i)\quad(0\leqslant i\leqslant n),\tag{6.3}$$

进而得到函数在插值节点处的数值微分公式的截断误差

$$R_n(x_i)=f'(x_i)-p_n'(x_i)=\frac{f^{(n+1)}(\xi)}{(n+1)!}\omega_{n+1}'(x_i).\tag{6.4}$$

若函数 $|f^{(n+1)}(\xi)|$ 在插值区间上有上界 M,即有

$$|f^{(n+1)}(\xi)|\leqslant M,$$

则得到数值微分公式的误差估计

$$|R_n(x_i)|=|f'(x_i)-p_n'(x_i)|\leqslant\frac{M}{(n+1)!}|\omega_{n+1}'(x_i)|.$$

可以看出,当插值节点之间的距离较为接近时,通过插值方法得到的数值微分公式有较高的精度.

常用的数值微分公式是 $n=1,n=2$ 时的插值型微分公式.

(1) 一阶两点公式($x_0<x_1$)

$$f'(x_0)=f'(x_1)\approx\frac{1}{h}[f(x_1)-f(x_0)];\tag{6.5}$$

$$R_1(x_0)=-\frac{h}{2}f''(\xi_0),\quad\xi_0\in(x_0,x_1),$$

$$R_1(x_1)=\frac{h}{2}f''(\xi_1),\quad\xi_1\in(x_0,x_1).\tag{6.6}$$

(2) 一阶三点公式($x_0<x_1<x_2$)

$$\begin{aligned}f'(x_0)&\approx\frac{1}{2h}[-3f(x_0)+4f(x_1)-f(x_2)],\\ f'(x_1)&\approx\frac{1}{2h}[f(x_2)-f(x_0)],\\ f'(x_2)&\approx\frac{1}{2h}[f(x_0)-4f(x_1)+3f(x_2)];\end{aligned}\tag{6.7}$$

$$\begin{aligned}R_2(x_0)&=\frac{1}{3}h^2f'''(\xi_0),\quad\xi_0\in(x_0,x_2),\\ R_2(x_1)&=-\frac{1}{6}h^2f'''(\xi_1),\quad\xi_1\in(x_0,x_2),\\ R_2(x_2)&=\frac{1}{3}h^2f'''(\xi_2),\quad\xi_2\in(x_0,x_2).\end{aligned}\tag{6.8}$$

利用类似的思路,还可以建立高阶导数的数值微分公式.

从上面的数值微分公式的余项上来看，理论上步长 h 取得越小，精度就越高.但在实际计算时并不这样简单.

例 6.1 设 $f(x)=\mathrm{e}^x$，分别采用不同步长 $h=h_0\times10^{-k}(k=1,2,\cdots,15)$，使用公式(6.5)计算 $f'(1)$ 的近似值.

解 显然 $f'(1)=\mathrm{e}\approx2.718\ 281\ 828\ 459\ 05$.取初始步长 $h_0=0.1$，分别记 $\Delta=f(1+h)-f(1)$，$d=\Delta/h$，$error=d-\mathrm{e}$，用 MATLAB 软件编程计算，计算结果见表 6.1.

从表 6.1 可以看出，当步长从 $h=0.1$ 到 $h=0.1\times10^{-7}$ 逐步减小时，得到的导数近似值的误差逐步减少；然而，随着步长进一步减小，误差逐步增大.这是因为实际计算结果的误差是由截断误差和舍入误差共同决定的，由截断误差表达式可知，h 不宜过大；但当 h 小到一定程度时，公式的分子出现相近数相减，同时分母趋于零，舍入误差导致有效数字位数急剧减少，也同样导致求解精度的降低.

表 6.1 例 6.1 的计算结果

k	Δ	d	$error$
1	0.027 319 186 557 87	2.731 918 655 787 08	0.013 636 827 328 03
2	0.002 719 641 422 53	2.719 641 422 532 78	0.001 359 594 073 74
3	0.000 271 841 774 71	2.718 417 747 078 48	0.000 135 918 619 44
4	0.000 027 182 954 20	2.718 295 419 912 31	0.000 013 591 453 26
5	0.000 002 718 283 19	2.718 283 186 986 53	0.000 001 358 527 48
6	0.000 000 271 828 20	2.718 281 963 964 84	0.000 000 135 505 80
7	0.000 000 027 182 82	2.718 281 777 447 37	−0.000 000 051 011 67
8	0.000 000 002 718 28	2.718 281 599 811 69	−0.000 000 228 647 36
9	0.000 000 000 271 83	2.718 278 935 276 43	−0.000 002 893 182 62
10	0.000 000 000 027 18	2.718 270 053 492 23	−0.000 011 774 966 81
11	0.000 000 000 002 72	2.718 270 053 492 23	−0.000 011 774 966 81
12	0.000 000 000 000 27	2.713 385 072 183 88	−0.004 896 756 275 16
13	0.000 000 000 000 03	2.664 535 259 100 38	−0.053 746 569 358 67
14	0.000 000 000 000 00	2.664 535 259 100 38	−0.053 746 569 358 67
15	0.000 000 000 000 00	0.000 000 000 000 00	−2.718 281 828 459 05

二、Taylor 展开法

设函数$f(x)$充分光滑，对于给定的步长 h，利用 Taylor 公式有

$$f(x+h)=f(x)+f'(x)h+\frac{f''(x)}{2!}h^2+\frac{f'''(x)}{3!}h^3+\cdots, \tag{6.9}$$

$$f(x-h)=f(x)-f'(x)h+\frac{f''(x)}{2!}h^2-\frac{f'''(x)}{3!}h^3+\cdots, \tag{6.10}$$

从而可建立数值微分公式

$$f'(x)=\frac{f(x+h)-f(x)}{h}+O(h)\approx\frac{f(x+h)-f(x)}{h}, \tag{6.11}$$

其截断误差为 $O(h)$.类似地，可以建立另一截断误差为 $O(h)$ 的数值微分公式

$$f'(x)=\frac{f(x)-f(x-h)}{h}+O(h)\approx\frac{f(x)-f(x-h)}{h}, \tag{6.12}$$

如将式(6.9)和式(6.10)相减，可建立截断误差为 $O(h^2)$ 的数值微分公式

$$f'(x)=\frac{f(x+h)-f(x-h)}{2h}+O(h^2)\approx\frac{f(x+h)-f(x-h)}{2h}. \tag{6.13}$$

类似地，将式(6.9)和式(6.10)相加，可得截断误差为 $O(h^2)$ 的计算$f''(x)$的数值微分公式

$$\begin{aligned} f''(x)&=\frac{f(x+h)-2f(x)+f(x-h)}{h^2}+O(h^2)\\ &\approx\frac{f(x+h)-2f(x)+f(x-h)}{h^2}. \end{aligned} \tag{6.14}$$

若利用更多点处的函数值(如 $x\pm 2h, x\pm 3h, \cdots$)的 Taylor 展开式的线性组合，将可建立具有更高阶的截断误差的数值微分公式.

三、Richardson 外推法

重点精讲

6.2 Richardson 外推法

假设利用某种数值方法得到某一量 S 与步长 h 有关的近似值 $S^*(h)$，截断误差为

$$S-S^*(h)=a_1h^{p_1}+a_2h^{p_2}+\cdots+a_kh^{p_k}+\cdots, \tag{6.15}$$

式中 $0<p_1<p_2<\cdots<p_k<\cdots$，系数 $a_1, a_2, \cdots, a_k, \cdots$非零，且 $p_i, a_i(i=1, 2, \cdots)$均是与步长 h 无关的常数.

用 $h/2$ 代替上述公式中的步长 h，得

$$S-S^*\left(\frac{h}{2}\right)=a_1\left(\frac{h}{2}\right)^{p_1}+a_2\left(\frac{h}{2}\right)^{p_2}+\cdots+a_k\left(\frac{h}{2}\right)^{p_k}+\cdots. \tag{6.16}$$

若将上述两式进行加权平均,有望消去误差级数中的第一项,得到精度更高的数值计算公式.如在式(6.15)中,取

$$S=f'(x),\quad S^*(h)=\frac{f(x+h)-f(x-h)}{2h},$$

并且根据

$$f'(x)=\frac{f(x+h)-f(x-h)}{2h}-\frac{f'''(x)}{3!}h^2-\frac{f^{(5)}(x)}{5!}h^4-\cdots,\tag{6.17}$$

可得

$$S-S^*(h)=f'(x)-\frac{f(x+h)-f(x-h)}{2h}=-\frac{f'''(x)}{3!}h^2-\frac{f^{(5)}(x)}{5!}h^4-\cdots.\tag{6.18}$$

若将式(6.18)中的 h 用 $h/2$ 代替,有

$$\begin{aligned}S-S^*\left(\frac{h}{2}\right)&=f'(x)-\frac{f\left(x+\frac{h}{2}\right)-f\left(x-\frac{h}{2}\right)}{h}\\&=-\frac{f'''(x)}{3!}\left(\frac{h}{2}\right)^2-\frac{f^{(5)}(x)}{5!}\left(\frac{h}{2}\right)^4-\cdots.\end{aligned}\tag{6.19}$$

将以上两式进行线性组合,并消去 h^2 的系数,得

$$\begin{aligned}f'(x)&=\frac{4}{3}\frac{f\left(x+\frac{h}{2}\right)-f\left(x-\frac{h}{2}\right)}{h}-\frac{1}{3}\frac{f(x+h)-f(x-h)}{2h}+O(h^4)\\&=\frac{4}{3}S^*\left(\frac{h}{2}\right)-\frac{1}{3}S^*(h)+O(h^4).\end{aligned}\tag{6.20}$$

这是 Richardson 外推算法的第一步.当然若有必要,还可以对式(6.20)继续进行外推运算(此时需要将式中的 $O(h^4)$ 写成按 h 的幂次展开的形式).

例 6.2 设 $f(x)=x^2\cos x$,试用 Richardson 外推法建立的数值公式(6.20)计算 $f'(1.0)$ 的近似值(外推三次),初始步长取 $h=0.1$(计算结果精确到小数点后 7 位).

解 计算结果见表 6.2.

表 6.2 例 6.2 的计算结果

h	式(6.13)的计算结果	第一次外推	第二次外推	第三次外推
0.1	0.226 736 16			
0.05	0.236 030 92	0.239 129 17		
0.025	0.238 357 74	0.239 133 35	0.239 133 63	
0.012 5	0.238 939 64	0.239 133 61	0.239 133 63	0.239 133 63

§ 6.3 Newton-Cotes 求积公式

由高等数学的知识可知，定积分 $I(f)=\int_a^b f(x)\,\mathrm{d}x$ 定义为如下和式的极限：

$$\sum_{i=0}^{n}(x_{i+1}-x_i)f(\xi_i),$$

式中 $a=x_0<x_1<\cdots<x_n=b,\xi_i\in[x_i,x_{i+1}](i=0,1,\cdots,n-1)$，极限过程为最大的子区间长度趋于零.这个定义本身就给出了一种计算积分近似值的方法.数值积分实际上就是用一些点处函数值的线性组合来近似计算定积分，即

$$I(f)=\int_a^b f(x)\,\mathrm{d}x=\sum_{i=0}^{n}A_i f(x_i)+E[f]\approx\sum_{i=0}^{n}A_i f(x_i), \tag{6.21}$$

式中 $\{A_i\}_{i=0}^{n}$ 称为求积系数，$\{x_i\}_{i=0}^{n}$ 称为求积节点，它们均与被积函数 $f(x)$ 无关，$E[f]$ 表示求积余项，也称为求积公式的截断误差.理想的求积公式自然是希望其精确程度最高.

概括起来，数值积分需要研究如下三个问题：

(1) 求积公式的具体构造；

(2) 求积公式的精确程度衡量标准；

(3) 求积公式的误差估计.

这里通过引入被积函数的插值函数以及求积公式代数精确度的概念分析这些问题.

一、插值法建立求积公式

重点精讲

6.3 插值型求积公式

设给定的 $n+1$ 个互异节点为 $\{x_i\}_{i=0}^{n}\subset[a,b]$，关于这些节点作被积函数的 Lagrange 插值函数 $L_n(x)$，于是有

$$f(x)=L_n(x)+\frac{f^{(n+1)}(\xi)}{(n+1)!}\omega_{n+1}(x). \tag{6.22}$$

在积分区间 $[a,b]$ 上对式(6.22)两端积分，得

$$\begin{aligned}\int_a^b f(x)\,\mathrm{d}x&=\int_a^b L_n(x)\,\mathrm{d}x+\int_a^b\frac{f^{(n+1)}(\xi)}{(n+1)!}\omega_{n+1}(x)\,\mathrm{d}x\\&=\sum_{k=0}^{n}f(x_k)\int_a^b l_k(x)\,\mathrm{d}x+\int_a^b\frac{f^{(n+1)}(\xi)}{(n+1)!}\omega_{n+1}(x)\,\mathrm{d}x,\end{aligned} \tag{6.23}$$

其中 $l_k(x)$ 为关于节点组 $\{x_i\}_{i=0}^n$ 的 Lagrange 插值基函数，取 $\int_a^b L_n(x)\,\mathrm{d}x$ 作为积分的近似值，构造出插值型求积公式

$$\int_a^b f(x)\,\mathrm{d}x \approx \sum_{k=0}^{n} A_k f(x_k), \tag{6.24}$$

其中求积系数

$$A_k = \int_a^b l_k(x)\,\mathrm{d}x. \tag{6.25}$$

同时，求得该求积公式的求积余项为

$$E[f] = \int_a^b \frac{f^{(n+1)}(\xi)}{(n+1)!}\omega_{n+1}(x)\,\mathrm{d}x. \tag{6.26}$$

二、Newton-Cotes 求积公式

将节点等距分布时建立的插值型求积公式称为 Newton-Cotes 求积公式.它的思想最早出现于 1676 年 Newton 写给 Leibniz(莱布尼茨)的信中，后来 Cotes(科茨)对 Newton 的方法进行了系统研究，于 1711 年给出了点数不超过十的所有公式的权.下面列出几个最简单、最著名的 Newton-Cotes 求积公式.

(1) 用区间中点做零次插值多项式，得到一点 Newton-Cotes 求积公式，称为**中点求积公式**，即

$$\int_a^b f(x)\,\mathrm{d}x \approx (b-a)f\left(\frac{a+b}{2}\right) =: M(f). \tag{6.27}$$

(2) 用区间两个端点做一次插值多项式，得到两点 Newton-Cotes 求积公式，称为**梯形求积公式**，即

$$\int_a^b f(x)\,\mathrm{d}x \approx \frac{b-a}{2}[f(a)+f(b)] =: T(f). \tag{6.28}$$

(3) 用区间两个端点及中点做二次插值多项式，得到三点 Newton-Cotes 求积公式，称为 **Simpson(辛普森)求积公式**，即

$$\int_a^b f(x)\,\mathrm{d}x \approx \frac{b-a}{6}\left[f(a)+4f\left(\frac{a+b}{2}\right)+f(b)\right] =: S(f). \tag{6.29}$$

(4) 将区间四等分得到的五个节点(包括区间两个端点)做四次插值多项式，得到五点 Newton-Cotes 求积公式，称为 **Cotes 求积公式**，即

$$\begin{aligned}&\int_a^b f(x)\,\mathrm{d}x\\ \approx\ &\frac{b-a}{90}\left[7f(a)+32f\left(\frac{3a+b}{4}\right)+12f\left(\frac{a+b}{2}\right)+32f\left(\frac{a+3b}{4}\right)+7f(b)\right] =: C(f).\end{aligned} \tag{6.30}$$

关于更详细的 Newton-Cotes 求积公式的 Cotes 系数,可以查表 6.3 得到.

表 6.3　Cotes 系数

n	$C_i^{(n)}$								
1	$\frac{1}{2}$	$\frac{1}{2}$							
2	$\frac{1}{6}$	$\frac{4}{6}$	$\frac{1}{6}$						
3	$\frac{1}{8}$	$\frac{3}{8}$	$\frac{3}{8}$	$\frac{1}{8}$					
4	$\frac{7}{90}$	$\frac{32}{90}$	$\frac{12}{90}$	$\frac{32}{90}$	$\frac{7}{90}$				
5	$\frac{19}{288}$	$\frac{75}{288}$	$\frac{50}{288}$	$\frac{50}{288}$	$\frac{75}{288}$	$\frac{19}{288}$			
	$\frac{41}{840}$	$\frac{216}{840}$	$\frac{27}{840}$	$\frac{272}{840}$	$\frac{27}{840}$	$\frac{216}{840}$	$\frac{41}{840}$		
7	$\frac{751}{17\,280}$	$\frac{3\,577}{17\,280}$	$\frac{1\,323}{17\,280}$	$\frac{2\,989}{17\,280}$	$\frac{2\,989}{17\,280}$	$\frac{1\,323}{17\,280}$	$\frac{3\,577}{17\,280}$	$\frac{751}{17\,280}$	
8	$\frac{989}{28\,350}$	$\frac{5\,888}{28\,350}$	$\frac{-928}{28\,350}$	$\frac{10\,496}{28\,350}$	$\frac{-4\,540}{28\,350}$	$\frac{10\,496}{28\,350}$	$\frac{-928}{28\,350}$	$\frac{5\,888}{28\,350}$	$\frac{989}{28\,350}$
⋮	⋮	⋮	⋮	⋮	⋮	⋮	⋮	⋮	⋮

例 6.3　试分别用一点、两点、三点、四点以及五点 Newton-Cotes 公式计算积分 $\int_0^1 \frac{1}{1+x}\mathrm{d}x$ 的近似值(计算结果取 5 位小数).

解　利用中点求积公式,得

$$\int_0^1 \frac{1}{1+x}\mathrm{d}x \approx 1 \times \frac{1}{1+\frac{1}{2}} = 0.666\ 67.$$

利用梯形求积公式,得

$$\int_0^1 \frac{1}{1+x}\mathrm{d}x \approx \frac{1}{2} \times \left(1 + \frac{1}{2}\right) = 0.750\ 00.$$

利用 Simpson 求积公式,得

$$\int_0^1 \frac{1}{1+x}\mathrm{d}x \approx \frac{1}{6} \times \left(1 + 4 \times \frac{1}{1+\frac{1}{2}} + \frac{1}{2}\right) = 0.694\ 44.$$

利用四点 Newton-Cotes 求积公式,得

$$\int_0^1 \frac{1}{1+x}\mathrm{d}x \approx \frac{1}{8} \times \left(1 + 3 \times \frac{1}{1+\frac{1}{3}} + 3 \times \frac{1}{1+\frac{2}{3}} + \frac{1}{2}\right) = 0.693\ 75.$$

利用 Cotes 求积公式,得

$$\int_0^1 \frac{1}{1+x}\mathrm{d}x \approx \frac{1}{90} \times \left(7 + 32 \times \frac{1}{1+\frac{1}{4}} + 12 \times \frac{1}{1+\frac{1}{2}} + 32 \times \frac{1}{1+\frac{3}{4}} + \frac{7}{2}\right)$$

$$= 0.693\ 17.$$

事实上由原积分的准确值算出的近似值为

$$\int_0^1 \frac{1}{1+x}\mathrm{d}x = \ln 2 \approx 0.693\ 15.$$

可见这五个公式的近似积分的精确程度不同,求积节点越多,得到积分近似值越精确.

三、代数精确度

重点精讲

6.4 代数精确度

由 Weierstrass(魏尔斯特拉斯)多项式逼近定理[9]可知,对任意给定的精度要求,闭区间上的连续函数都可以用多项式近似.一个很自然的做法就是用精确积分的被积多项式的次数作为求积公式精确程度的度量.

定义 6.1 若求积公式对于任意不高于 m 次的代数多项式作为被积函数时都精确成立,而对某个 $m+1$ 次多项式被积函数不精确成立,则称该求积公式具有 ***m* 次代数精确度**.

由式(6.26)可知,$n+1$ 个求积节点的插值型求积公式的代数精确度至少为 n.

容易证明,求积公式具有 m 次代数精确度的充要条件是它对于 $f(x)=1,x,x^2,\cdots,x^m$ 都精确成立,而对于 $f(x)=x^{m+1}$ 不精确成立.

通过代数精确度的定义容易验证,中点公式、Simpson 公式、Cotes 公式的代数精确度分别为 1 次、3 次、5 次,但它们分别用到的是具有一个、三个以及五个求积节点的 Newton-Cotes 公式.从中可以看到这样一个规律:插值节点的个数 $n+1$ 是奇数的 Newton-Cotes 求积公式的代数精确度至少为 $n+1$ 次,其证明参见参考文献[6].

利用代数精确度的定义也可以确定数值积分公式中的相关参数,目标是使求积公式的代数精确度尽可能高.实际上,只需要依次取被积函数 $f(x)$ 为 $1,x,$

$x^2,\cdots$,并通过使求积公式精确成立来建立适当数目的方程,进而求解未知参数.

例 6.4 试确定参数 A,B,C,使得求积公式

$$\int_0^2 f(x)\,\mathrm{d}x \approx Af(0)+Bf(1)+Cf(2)$$

的代数精确度尽可能高.

解 根据代数精确度的定义,令 $f(x)=1,x,x^2$,求积公式精确成立,得

$$\begin{cases}A+B+C=2,\\ B+2C=2,\\ B+4C=\dfrac{8}{3}.\end{cases}$$

解得

$$A=\frac{1}{3},\quad B=\frac{4}{3},\quad C=\frac{1}{3}.$$

取 $f(x)=x^3$,则

$$\int_0^2 x^3\,\mathrm{d}x=4,$$

$$Af(0)+Bf(1)+Cf(2)=\frac{4}{3}+\frac{1}{3}\times 2^3=4.$$

此时可以断定,该求积公式至少具有 3 次代数精确度.

取 $f(x)=x^4$,有

$$\int_0^2 x^4\,\mathrm{d}x=\frac{32}{5},$$

但是

$$Af(0)+Bf(1)+Cf(2)=\frac{4}{3}+\frac{1}{3}\times 2^4=\frac{20}{3}.$$

因此,当 $A=\dfrac{1}{3},B=\dfrac{4}{3},C=\dfrac{1}{3}$时,求积公式达到最高的代数精确度,且代数精确度的次数为 3 次.

例 6.4 实际上是积分区间取$[0,2]$时的 Simpson 求积公式.可以看到,在固定求积节点的情况下,用待定系数法得到的求积系数和用插值法建立的求积公式的求积系数相同.这是因为,用待定系数法建立的形如式(6.21)的求积公式至少具有 n 次代数精确度,而至少具有 n 次代数精确度的求积公式(6.21)一定是插值型的[6].

四、Newton-Cotes 求积公式的截断误差

定理 6.1 设函数 $f(x)$ 在积分区间$[a,b]$上具有连续的二阶导数,则中点求

积公式的截断误差为

$$E_M[f]=\frac{(b-a)^3}{24}f''(\eta)\quad(a<\eta<b).\tag{6.31}$$

重点精讲

6.5 Newton-Cotes 求积公式的截断误差

证明 由 Taylor 展开公式

$$f(x)=f\left(\frac{a+b}{2}\right)+f'\left(\frac{a+b}{2}\right)\left(x-\frac{a+b}{2}\right)+\frac{f''(\xi)}{2!}\left(x-\frac{a+b}{2}\right)^2\quad(a<\xi<b).$$

在区间$[a,b]$上对上式两端积分,有

$$\int_a^b f(x)\mathrm{d}x=(b-a)f\left(\frac{a+b}{2}\right)+\int_a^b\frac{f''(\xi)}{2!}\left(x-\frac{a+b}{2}\right)^2\mathrm{d}x.$$

由于函数$g(x)=\left(x-\frac{a+b}{2}\right)^2$在积分区间$[a,b]$内不变号,而函数$f''(\xi)$在$[a,b]$上连续,由广义积分中值定理知,在$(a,b)$内存在一点$\eta$,使得

$$E_M[f]=\frac{f''(\eta)}{2!}\int_a^b\left(x-\frac{a+b}{2}\right)^2\mathrm{d}x=\frac{(b-a)^3}{24}f''(\eta).$$

定理 6.2 设函数$f(x)$在积分区间$[a,b]$上具有连续的二阶导数,则梯形求积公式的截断误差为

$$E_T[f]=-\frac{(b-a)^3}{12}f''(\eta)\quad(a<\eta<b).\tag{6.32}$$

证明 梯形求积公式的余项为

$$E_T[f]=\int_a^b\frac{f''(\xi)}{2!}(x-a)(x-b)\mathrm{d}x\quad(a<\xi<b).$$

由于$\omega_2(x)=(x-a)(x-b)$在积分区间$[a,b]$内不变号,而函数$f''(\xi)$在$[a,b]$上连续,由广义积分中值定理知,在(a,b)内存在一点η,使得

$$E_T[f]=\frac{f''(\eta)}{2!}\int_a^b(x-a)(x-b)\mathrm{d}x=-\frac{(b-a)^3}{12}f''(\eta).$$

定理 6.3 设函数$f(x)$在区间$[a,b]$上有连续的四阶导数,则 Simpson 公式的截断误差为

$$E_S[f]=-\frac{(b-a)^5}{2\,880}f^{(4)}(\eta)\quad(a<\eta<b).\tag{6.33}$$

证明 对区间$[a,b]$上的函数$f(x)$,构造次数不高于三次的插值多项式$H_3(x)$,使得

$$H_3(a)=f(a),\qquad H_3(b)=f(b),$$

$$H_3\left(\frac{a+b}{2}\right)=f\left(\frac{a+b}{2}\right),\qquad H_3'\left(\frac{a+b}{2}\right)=f'\left(\frac{a+b}{2}\right).$$

不难得到

$$f(x)=H_3(x)+\frac{f^{(4)}(\xi)}{4!}(x-a)\left(x-\frac{a+b}{2}\right)^2(x-b),\quad a<\xi<b.$$

在区间$[a,b]$上对上式两端积分，得

$$\int_a^b f(x)\,\mathrm{d}x=\int_a^b H_3(x)\,\mathrm{d}x+\int_a^b\frac{f^{(4)}(\xi)}{4!}(x-a)\left(x-\frac{a+b}{2}\right)^2(x-b)\,\mathrm{d}x.$$

因为 Simpson 公式的代数精确度是 3 次，所以

$$\begin{aligned}\int_a^b f(x)\,\mathrm{d}x&=\frac{b-a}{6}\left[H_3(a)+4H_3\left(\frac{a+b}{2}\right)+H_3(b)\right]+\\&\quad\int_a^b\frac{f^{(4)}(\xi)}{4!}(x-a)\left(x-\frac{a+b}{2}\right)^2(x-b)\,\mathrm{d}x\\&=\frac{b-a}{6}\left[f(a)+4f\left(\frac{a+b}{2}\right)+f(b)\right]+E_S[f],\end{aligned}$$

式中

$$\begin{aligned}E_S[f]&=\int_a^b\frac{f^{(4)}(\xi)}{4!}(x-a)\left(x-\frac{a+b}{2}\right)^2(x-b)\,\mathrm{d}x\\&=\frac{f^{(4)}(\eta)}{4!}\int_a^b(x-a)\left(x-\frac{a+b}{2}\right)^2(x-b)\,\mathrm{d}x\\&=-\frac{(b-a)^5}{2\,880}f^{(4)}(\eta).\end{aligned}$$

定理 6.3 所使用的证明方法也可以用来证明定理 6.1.对于更为复杂的 Cotes 公式，有

定理 6.4 设函数$f(x)$在区间$[a,b]$上有连续的六阶导数，则 Cotes 公式的截断误差为

$$E_C[f]=-\frac{2(b-a)}{945}\left(\frac{b-a}{4}\right)^6f^{(6)}(\eta)\quad(a<\eta<b).\tag{6.34}$$

五、Newton-Cotes 求积公式的收敛性和稳定性

下面简要分析 Newton-Cotes 公式序列的收敛性及稳定性.

定义 6.2 Newton-Cotes 求积公式序列的**收敛性**是指，对于任意连续的被积函数，当求积节点的个数 $n\to+\infty$ 时，截断误差序列满足 $\lim\limits_{n\to+\infty}E_n[f]=0$.

Newton-Cotes 求积公式是基于等距插值建立起来的，但当 $n\to+\infty$ 时，插值函

数不保证收敛到被插值函数,进而也不能保证 $\lim\limits_{n\to+\infty} E_n[f]=0$.

Newton-Cotes 求积公式序列的稳定性主要考虑函数值 $f(x_i)$ 计算的舍入误差对数值积分结果的影响.

定义 6.3 对于一个求积公式序列 $\{I_n(f)\}_{n=0}^{+\infty}$,假设在计算 $f(x_i)$ 时,引入舍入误差 e_i,即有 $\tilde{f}(x_i)=f(x_i)+e_i$,并记

$$I_n(f)=\sum_{i=0}^{n} A_i f(x_i),\quad I_n(\tilde{f})=\sum_{i=0}^{n} A_i \tilde{f}(x_i).$$

若对任意给定的小正数 $\varepsilon>0$,只要误差 $\delta=\max\limits_{i}|e_i|$ 充分小,且对任意的 n 有

$$|I_n(\tilde{f})-I_n(f)|=\left|\sum_{i=0}^{n} A_i[\tilde{f}(x_i)-f(x_i)]\right|\leqslant\varepsilon,$$

则称该求积公式序列 $\{I_n(f)\}_{n=0}^{+\infty}$ 是**稳定**的.

对于数值求积公式,有

$$\left|\sum_{i=0}^{n} A_i[\tilde{f}(x_i)-f(x_i)]\right|=\left|\sum_{i=0}^{n} A_i e_i\right|\leqslant\sum_{i=0}^{n}|A_i e_i|\leqslant\sum_{i=0}^{n}|A_i|\delta.$$

由于 Newton-Cotes 求积公式对常数均能精确积分,当被积函数 $f(x)\equiv 1$ 时,有

$$\sum_{i=0}^{n} A_i=b-a.$$

在 $n\to+\infty$ 的过程中,Newton-Cotes 求积公式序列的求积系数有正有负,$\sum\limits_{i=0}^{n}|A_i|$ 的有界性不能保证,因而 Newton-Cotes 求积公式的稳定性不能保证.

基于上述稳定性、收敛性原因,在实际计算中,人们并不追求高阶的 Newton-Cotes 求积公式,而是通过细化积分区间的方法,用复化求积公式来提高数值积分的精度.

重点精讲

§6.4 复化求积法

6.6 复化求积法

从数值积分的定义可以看出,增加求积节点数目可以提高数值积分的代数精确度,但通过增加插值节点建立的高阶 Newton-Cotes 求积公式的稳定性差.一种提高求解数值积分精度的方法是先将整个积分区间细分,然后在每个小区间上使用低阶的 Newton-Cotes 求积公式,这就是**复化求积法**.理论和数值结果都表明,这种方案可以获得理想的数值结果.

一、复化梯形公式

首先将积分区间 $[a,b]$ n 等分，子区间长度 $h=\dfrac{b-a}{n}$，节点记为 $x_i=a+ih$ $(i=0,1,\cdots,n)$，然后在每个子区间 $[x_i,x_{i+1}]$ 上使用梯形公式，得

$$\begin{aligned}\int_a^b f(x)\,\mathrm{d}x &= \sum_{i=0}^{n-1}\int_{x_i}^{x_{i+1}} f(x)\,\mathrm{d}x\\ &= \sum_{i=0}^{n-1}\left\{\frac{h}{2}[f(x_i)+f(x_{i+1})]-\frac{h^3}{12}f''(\eta_i)\right\}\\ &= \frac{h}{2}\left[f(a)+2\sum_{i=1}^{n-1}f(x_i)+f(b)\right]-\frac{h^3}{12}\sum_{i=0}^{n-1}f''(\eta_i).\end{aligned}$$

略去上式最后一项，得到复化梯形公式

$$T_n=\frac{h}{2}\left[f(a)+2\sum_{i=1}^{n-1}f(x_i)+f(b)\right], \tag{6.35}$$

其截断误差为

$$E_{T_n}=-\frac{h^3}{12}\sum_{i=0}^{n-1}f''(\eta_i) \quad (x_i<\eta_i<x_{i+1}).$$

定理 6.5 设函数 $f(x)$ 在积分区间 $[a,b]$ 上具有连续的二阶导数，则复化梯形公式的截断误差为

$$E_{T_n}=-\frac{b-a}{12}h^2 f''(\eta) \quad (a\leqslant\eta\leqslant b). \tag{6.36}$$

证明 因为 $f''(x)$ 在 $[a,b]$ 上连续，则其在区间一定有最大值 M 和最小值 m，即

$$m\leqslant f''(\eta_i)\leqslant M,\quad \eta_i\in(x_i,x_{i+1})\subset[a,b],$$

进而有

$$m\leqslant \frac{1}{n}\sum_{i=0}^{n-1}f''(\eta_i)\leqslant M.$$

由连续函数的介值定理知，存在一点 $\eta\in[a,b]$，使得

$$f''(\eta)=\frac{1}{n}\sum_{i=0}^{n-1}f''(\eta_i),$$

故

$$E_{T_n}=-\frac{h^3}{12}\sum_{i=0}^{n-1}f''(\eta_i)=-\frac{b-a}{12}h^2 f''(\eta).$$

从截断误差可以看出，复化梯形公式的代数精确度仍为 1 次.

二、复化 Simpson 公式

若在每个小区间上使用 Simpson 公式，有

$$\begin{aligned}\int_a^b f(x)\,dx &= \sum_{i=0}^{n-1}\int_{x_i}^{x_{i+1}} f(x)\,dx \\ &= \sum_{i=0}^{n-1}\frac{h}{6}\left[f(x_i)+4f(x_{i+\frac{1}{2}})+f(x_{i+1})\right]-\sum_{i=0}^{n-1}\frac{h^5}{2\,880}f^{(4)}(\eta_i) \\ &= \frac{h}{6}\left[f(a)+2\sum_{i=1}^{n-1}f(x_i)+4\sum_{i=0}^{n-1}f(x_{i+\frac{1}{2}})+f(b)\right]-\frac{h^5}{2\,880}\sum_{i=0}^{n-1}f^{(4)}(\eta_i).\end{aligned}$$

上式略去最后一项，得到复化 Simpson 公式

$$S_n=\frac{h}{6}\left[f(a)+2\sum_{i=1}^{n-1}f(x_i)+4\sum_{i=0}^{n-1}f(x_{i+\frac{1}{2}})+f(b)\right], \tag{6.37}$$

其截断误差为

$$E_{S_n}=-\frac{h^5}{2\,880}\sum_{i=0}^{n-1}f^{(4)}(\eta_i) \quad (x_i<\eta_i<x_{i+1}).$$

定理 6.6 设函数 $f(x)$ 在区间 $[a,b]$ 上有连续的四阶导数，则复化 Simpson 公式的截断误差为

$$E_{S_n}=-\frac{b-a}{2\,880}h^4f^{(4)}(\eta) \quad (a\leqslant\eta\leqslant b). \tag{6.38}$$

从截断误差可以看出，复化 Simpson 公式的代数精度仍为 3 次.

对于上节的中点求积公式，使用同样的方法，也可以获得其对应的复化求积公式以及截断误差

$$M_n=h\sum_{i=0}^{n-1}f(x_{i+\frac{1}{2}}),$$

$$E_{M_n}=\frac{b-a}{24}h^2f''(\eta) \quad (a<\eta<b).$$

可以证明这三个复化求积公式都是收敛的、稳定的[6].

例 6.5 使用复化梯形公式和复化 Simpson 公式计算定积分 $\int_0^{\frac{\pi}{2}}\cos x\,dx$ 的近似值时，要求误差不超过 10^{-5}，分别需要多少个求积节点？

解 这里，$b-a=\dfrac{\pi}{2}$，$h=\dfrac{b-a}{n}=\dfrac{\pi}{2n}$，$\max\limits_{a\leqslant\eta\leqslant b}|f''(\eta)|=1$.

从复化梯形公式的截断误差可知，要使得近似值的误差不超过 10^{-5}，则需满足

$$\max_{a \le \eta \le b} \left| -\frac{b-a}{12} h^2 f''(\eta) \right| \le 10^{-5},$$

解不等式得

$$n \geqslant 179.717\ 0.$$

取 $n=180$,相应的需要 $n+1=181$ 个求积节点.

同理,用复化 Simpson 公式计算时,需满足

$$\max_{a \le \eta \le b} \left| -\frac{b-a}{2\ 880} h^4 f^{(4)}(\eta) \right| \le 10^{-5},$$

由于 $\max\limits_{a \le \eta \le b} \left| f^{(4)}(\eta) \right| = 1$,解 $\left| -\frac{b-a}{2\ 880}\left(\frac{\pi}{2n}\right)^4 \right| \le 10^{-5}$ 得 $n \geqslant 4.268\ 8$,因此,需要将区间进行 $n=5$ 等分,相应的需要 $2n+1=11$ 个求积节点.

三、区间逐次分半求积法

重点精讲

6.7 区间逐次分半求积法

使用复化求积公式计算积分值,要保证满足指定精度,依据截断误差,需要将被积函数的高阶导数在某一点 η 处取值的绝对值放大为整个积分区间上的最大值,若最大值难求,还需进一步进行放大运算,势必导致过多地选取求积节点,影响计算效率.

区间逐次分半求积法则避免了这种不便.它是根据规定的精度要求,在计算过程中把积分区间逐次分半,利用相邻两次求积结果之差来判别误差的大小,从而得到满足精度要求的积分近似值.下面以复化梯形公式为例来说明区间逐次分半求积法的计算过程.

由复化梯形公式的误差估计式可以看到,$E_{T_n} \approx O(h^2)$.当 n 较大时,可以认为

$$E_{T_n} \approx ch^2, \tag{6.39}$$

这里 c 为常数,当将区间 $2n$ 等分时,有

$$E_{T_{2n}} \approx c\left(\frac{h}{2}\right)^2. \tag{6.40}$$

进而

$$\frac{I - T_n}{I - T_{2n}} \approx 4, \tag{6.41}$$

即

$$I \approx T_{2n} + \frac{1}{3}(T_{2n} - T_n). \tag{6.42}$$

上式说明,若用 T_{2n} 作为准确值 I 的近似值时,误差大约为 $\frac{1}{3}(T_{2n}-T_n)$.因此可以

使用 $\left|\frac{1}{3}(T_{2n}-T_n)\right|\leqslant\varepsilon$ 判断近似值 T_{2n} 的近似程度，其中 ε 为允许误差，这样就避免了被积函数高阶导数最值的估计.

需要指出的是，在实际计算 T_{2n} 时，由于每次总是在前一次对分的基础上将区间再次对分，分点加密一倍，原分点上的函数值不需要重复计算，这样可以采用如下的递推公式减少计算量

$$T_{2n}=\frac{T_n}{2}+\frac{h}{2}\sum_{i=1}^{n}f\left(a+\left(i-\frac{1}{2}\right)h\right),\quad h=\frac{b-a}{n}. \tag{6.43}$$

同理，也可以类似地给出基于复化 Simpson 公式和复化 Cotes 公式的区间逐次分半求积法，此时有

$$I\approx S_{2n}+\frac{1}{15}(S_{2n}-S_n), \tag{6.44}$$

$$I\approx C_{2n}+\frac{1}{63}(C_{2n}-C_n). \tag{6.45}$$

算法 6.1　复化梯形求积算法

输入：区间端点 a,b 及精度 ε.

输出：积分近似值 T.

Step 1：令 $n=1,h=(b-a)/2,T_0=h[f(a)+f(b)]$；

Step 2：令 $F=0$，对 $i=1,2,\cdots,n$，计算 $F=F+f(a+(2i-1)h)$；

　　//计算新节点函数值

Step 3：计算 $T=T_0/2+hF$；（计算式(6.43).）

Step 4：若 $|T-T_0|\leqslant\varepsilon$，算法终止，输出 T；否则，赋值 $n=2n,h=h/2,T_0=T$，转 Step 2.

算法 6.2　复化 Simpson 求积算法

输入：区间端点 a,b 及精度 ε.

输出：积分近似值 S.

Step 1：令 $n=2,h=(b-a)/4$；

Step 2：计算 $F_0=f(a)+f(b),F_1=f((a+b)/2),S_0=(b-a)(F_0+4F_1)/6$；

Step 3：令 $F_2=0$，对 $i=1,2,\cdots,n$，计算 $F_2=F_2+f(a+(2i-1)h)$；（计算新节点函数值.）

Step 4：计算 $S=h(F_0+2F_1+4F_2)/3$；

Step 5：若 $|S-S_0|\leqslant\varepsilon$，算法终止，输出 S；否则，令 $n=2n,h=h/2,S_0=S$，$F_1=F_1+F_2$，转 Step 3.

例 6.6　使用复化梯形公式和复化 Simpson 公式计算定积分 $\int_0^1\frac{\sin x}{x}\mathrm{d}x$ 的近

似值,要求误差不超过 $\varepsilon=10^{-5}$.

解 使用区间逐次分半求积法的复化梯形公式和复化 Simpson 公式进行求解.计算结果如表 6.4 所示,其中等分区间的间距为 $h=(b-a)/2^k$,算例使用 $|T_{2n}-T_n|<\varepsilon$ 和 $|S_{2n}-S_n|<\varepsilon$ 作为误差终止判断条件.

表 6.4 例 6.6 的计算结果

k	复化梯形公式的近似值	复化 Simpson 公式的近似值
0	0.920 735 5	
1	0.939 793 3	0.946 086 9
2	0.944 513 5	0.946 083 3
3	0.945 690 9	
4	0.945 985 0	
5	0.946 058 6	
6	0.946 076 9	
7	0.946 081 5	

§6.5 Romberg 求积法

一、Romberg 求积法

区间逐次分半求积法将 $\frac{1}{3}(T_{2n}-T_n)$ 或 $\frac{1}{15}(S_{2n}-S_n)$ 处理成误差,将 T_{2n} 或 S_{2n} 作为积分的近似值.分析近似表达式(6.42)和(6.44)后可以发现,既然 T_n(或 S_n)和 T_{2n}(或 S_{2n})都已经算出,自然地,误差 $\frac{1}{3}(T_{2n}-T_n)$ 或 $\frac{1}{15}(S_{2n}-S_n)$ 也可以算出,那么将 $T_{2n}+\frac{1}{3}(T_{2n}-T_n)$ 或 $S_{2n}+\frac{1}{15}(S_{2n}-S_n)$ 整体作为积分的近似值,显然可进一步改善积分计算精度.

事实上,可以验证

$$T_{2n}+\frac{1}{3}(T_{2n}-T_n)=S_n. \tag{6.46}$$

上式表明,对基于区间逐次分半求积的复化梯形公式进行误差校正得到复化 Simpson 求积公式的计算值,从而把误差从 $O(h^2)$ 提高到 $O(h^4)$.

类似地,有

$$S_{2n}+\frac{1}{15}(S_{2n}-S_n)=C_n. \tag{6.47}$$

即对基于区间逐次分半求积的复化 Simpson 公式进行误差校正得到复化 Cotes 求积公式的计算值,误差从 $O(h^4)$ 提高到 $O(h^6)$.

我们称基于区间逐次分半求积的复化 Cotes 公式进行误差校正得到的公式为 Romberg(龙贝格)求积公式

$$C_{2n}+\frac{1}{63}(C_{2n}-C_n)=R_n, \tag{6.48}$$

它的误差阶是 $O(h^8)$.

二、Richardson 外推法

Romberg 求积算法还可以通过 Richardson 外推技巧得到.文献[4]给出了复化梯形公式的渐近展开形式的误差表达式

$$\int_a^b f(x)\,\mathrm{d}x=T_n+a_2h^2+a_4h^4+a_6h^6+\cdots, \tag{6.49}$$

其中 $a_2,a_4,a_6,\cdots$是与步长 h 无关的常数.

使用基于区间逐次分半求积的复化梯形公式,可得**梯形序列**$\{T_n\}_{n=1}^{+\infty}$.

现将 Richardson 外推技巧用到式(6.49),经过一次外推得到

$$\int_a^b f(x)\,\mathrm{d}x=\frac{4}{3}T_{2n}-\frac{1}{3}T_n+a_4^{(1)}h^4+a_6^{(1)}h^6+\cdots. \tag{6.50}$$

而由式(6.46)知 $S_n=\frac{4}{3}T_{2n}-\frac{1}{3}T_n$,可得 **Simpson 序列**$\{S_n\}_{n=1}^{+\infty}$,且有误差估计式

$$\int_a^b f(x)\,\mathrm{d}x=S_n+a_4^{(1)}h^4+a_6^{(1)}h^6+\cdots \tag{6.51}$$

成立,其误差主项与定理 6.6 一致.

类似地,使用 Richardson 外推技巧,还可以依次得到式(6.47)、式(6.48)以及 **Cotes 序列**$\{C_n\}_{n=1}^{+\infty}$和 **Romberg 序列**$\{R_n\}_{n=1}^{+\infty}$.

表 6.5　Romberg 算法

n	区间等分数	梯形序列	Simpson 序列	Cotes 序列	Romberg 序列
0	1	T_1			
1	2	T_2	S_1		
2	4	T_4	S_2	C_1	
3	8	T_8	S_4	C_2	R_1
4	16	T_{16}	S_8	C_4	R_2
⋮	⋮	⋮	⋮	⋮	⋮

Romberg 算法可以根据表 6.5 按行进行计算,即 $T_1,T_2,S_1,T_4,S_2,\cdots$.在程序的实现中可以通过定义矩阵 $I(n,k)$ 加以简化,其中 $\{I(n,0)\}_{n=1}^{+\infty}$, $\{I(n,1)\}_{n=1}^{+\infty}$, $\{I(n,2)\}_{n=1}^{+\infty}$ 和 $\{I(n,3)\}_{n=1}^{+\infty}$ 分别对应梯形序列、Simpson 序列、Cotes 序列和 Romberg 序列.显然,$I(n,k)$ 满足如下递推公式:

$$I(n,k)=\frac{2^{2k}I(n,k-1)-I(n-1,k-1)}{2^{2k}-1},\quad k=1,2,3;n=k,k+1,\cdots. \tag{6.52}$$

算法 6.3 Romberg 算法

输入:积分区间端点参数 a,b 及精度 ε.

输出:积分近似值 $I(n,k)$.

Step 1:令 $M=3,n=0,k=0$;

Step 2:计算初值 $I(0,0)=T_0=(b-a)[f(a)+f(b)]/2$;

Step 3:令 $n=n+1$,用算法 6.1 计算 $I(n,k)=T_n$;

Step 4:若 $k\leqslant M$ 且 $k\leqslant n$,则令 $k=k+1$,计算式(6.52);

Step 5:若 $|I(n,k)-I(n,k-1)|\leqslant\varepsilon$,算法终止,输出 $I(n,k)$;否则,令 $k=0$,转 Step 3.

例 6.7 使用 Romberg 求积法计算定积分 $\int_0^1\frac{4}{1+x^2}\mathrm{d}x$ 的近似值,要求误差不超过 $\varepsilon=10^{-7}$.

解 计算结果如表 6.6 所示,其中等分区间的间距为 $h=(b-a)/2^n$,算例使用 $|R_n-C_n|<\varepsilon$ 作为误差终止判断条件.

表 6.6 例 6.7 的计算结果

n	梯形序列	Simpson 序列	Cotes 序列	Romberg 序列
0	3			
1	3.100 000 00	3.133 333 33		
2	3.131 176 47	3.141 568 63	3.142 117 65	
3	3.138 988 49	3.141 592 50	3.141 594 09	3.141 585 78
4	3.140 941 61	3.141 592 65	3.141 592 66	3.141 592 64

容易计算

$$\int_0^1\frac{4}{1+x^2}\mathrm{d}x=\pi=3.141\,592\,653\,589\,7\cdots.$$

可以看到,当 $n=4$ 时,使用基于区间分半求积的复化梯形公式,误差是

$$|\pi - 3.140\,941\,61| = 0.000\,651\,0\cdots.$$

但是通过外推之后,得到的 Romberg 序列的误差减小为

$$|\pi - 3.141\,592\,64| = 0.000\,000\,01\cdots.$$

计算精度得到了很大提高.

§6.6 Gauss 型求积公式

前面研究的数值求积公式(6.21)都是在积分区间内事先确定了 $n+1$ 个求积节点,然后通过待定系数法,按照使求积公式的代数精确度达到最高的原则选取最佳求积系数(和通过插值的方法得到的求积系数是一致的).已经知道,对于具有 $n+1$ 个求积节点的求积公式,其代数精确度至少可以达到 n 次.那么能否适当地选择求积节点的位置和相应的求积系数,使得求积公式具有更高甚至最高的代数精确度?答案是肯定的.例如下面的求积公式

$$\int_{-1}^{1} f(x)\,\mathrm{d}x \approx f\left(-\frac{\sqrt{3}}{3}\right) + f\left(\frac{\sqrt{3}}{3}\right).$$

可以验证,该公式的代数精确度是 3 次,而前述的两点 Newton-Cotes 公式即梯形求积公式的代数精确度只能达到 1 次.

实际上,对任意一组 $n+1$ 个互异求积节点 $\{x_i\}_{i=0}^{n}$ 的插值型求积公式,当被积函数 $f(x)$ 取为 $2n+2$ 次多项式

$$\omega_{n+1}^2(x) = (x-x_0)^2(x-x_1)^2\cdots(x-x_n)^2$$

时,总有

$$I(f) = \int_a^b \omega_{n+1}^2(x)\,\mathrm{d}x = \sum_{i=0}^{n} A_i\omega_{n+1}^2(x_i) + E[f] = E[f] > 0, \qquad (6.53)$$

即对任意的 $n+1$ 个互异求积节点构造的求积公式的代数精确度不能达到 $2n+2$ 次.那么是否能够达到 $2n+1$ 次,则是本节考虑的问题.

一、Gauss 型求积公式

一般地,如果选取 $n+1$ 个求积节点,要使求积公式(6.21)对任意的 $2n+1$ 次多项式精确成立,根据待定系数法,有

$$
\begin{cases}
A_0 + A_1 + \cdots + A_n = \int_a^b 1\mathrm{d}x = b - a, \\
A_0 x_0 + A_1 x_1 + \cdots + A_n x_n = \int_a^b x\mathrm{d}x = \dfrac{b^2 - a^2}{2}, \\
\cdots\cdots\cdots\cdots \\
A_0 x_0^{2n+1} + A_1 x_1^{2n+1} + \cdots + A_n x_n^{2n+1} = \int_a^b x^{2n+1}\mathrm{d}x = \dfrac{b^{2n+2} - a^{2n+2}}{2n+2}.
\end{cases}
\tag{6.54}
$$

理论上可以证明,上述非线性方程组的解是存在且唯一的.也就是说,通过合理地选取求积节点及求积系数,可以使得求积公式的代数精确度达到 $2n+1$ 次.将这种具有 $n+1$ 个求积节点和 $2n+1$ 次代数精确度的求积公式称为 **Gauss 型求积公式**,对应的一组求积节点称为一组 **Gauss 点**.

Gauss 型求积公式的求积节点和求积系数可以通过求解非线性方程组(6.54)得到,然而,直接求解该非线性方程组是复杂的.通常构造 Gauss 型求积公式的方法是,首先通过正交多项式确定一组 Gauss 点,然后再使用待定系数法或插值的方法求出 Gauss 型求积公式的求积系数.

定理 6.7 对于插值型求积公式,其互异节点 $\{x_i\}_{i=0}^n$ 是一组 Gauss 点的充要条件是以这些点为零点的多项式函数 $\omega_{n+1}(x)=(x-x_0)(x-x_1)\cdots(x-x_n)$ 与任意的次数不超过 n 次的多项式函数 $p(x)$ 在积分区间 $[a,b]$ 上正交,即满足

$$
\int_a^b \omega_{n+1}(x)p(x)\mathrm{d}x = 0. \tag{6.55}
$$

证明 (充分性) 对任意不超过 $2n+1$ 次的多项式 $g(x)$,存在不超过 n 次的多项式 $q(x)$ 和 $r(x)$,使得

$$
g(x) = q(x)\omega_{n+1}(x) + r(x) \tag{6.56}
$$

成立.对上式两端积分,得

$$
\int_a^b g(x)\mathrm{d}x = \int_a^b q(x)\omega_{n+1}(x)\mathrm{d}x + \int_a^b r(x)\mathrm{d}x = \int_a^b r(x)\mathrm{d}x. \tag{6.57}
$$

对互异节点组 $\{x_i\}_{i=0}^n$,构造插值型求积公式,即取求积系数

$$
A_k = \int_a^b \prod_{\substack{j=0 \\ j\neq k}}^n \frac{x - x_j}{x_k - x_j}\mathrm{d}x \quad (k = 0,1,\cdots,n), \tag{6.58}
$$

这样求积公式至少具有 n 次代数精确度.

利用代数精确度的概念,有

$$
\int_a^b r(x)\mathrm{d}x = \sum_{i=0}^n A_i r(x_i) = \sum_{i=0}^n A_i g(x_i). \tag{6.59}
$$

比较式(6.57)和式(6.59),有

$$\int_a^b g(x)\,\mathrm{d}x = \sum_{i=0}^{n} A_i g(x_i). \tag{6.60}$$

这样求积公式具有 $2n+1$ 次代数精确度,积分节点是一组 Gauss 点.

(必要性) 节点 $\{x_i\}_{i=0}^{n}$ 是一组 Gauss 点, $\{A_i\}_{i=0}^{n}$ 是相应的 Gauss 求积系数,这样的求积公式具有 $2n+1$ 次代数精确度.设 $p(x)$ 是任意不超过 n 次的多项式, $p(x)\omega_{n+1}(x)$ 不超过 $2n+1$ 次.

$$\int_a^b p(x)\omega_{n+1}(x)\,\mathrm{d}x = \sum_{i=0}^{n} A_i p(x_i)\omega_{n+1}(x_i) = 0. \tag{6.61}$$

这说明式(6.55)成立.

由定理 6.7 可知,只要能够找到与任意的次数不超过 n 次的多项式函数 $p(x)$ 在区间 $[a,b]$ 上正交的 $n+1$ 次多项式函数,那么,这个函数的所有零点构成一组 Gauss 点.下面以 Legendre (勒让德) 多项式为例,介绍 Gauss 型求积公式的构造过程.

二、Gauss-Legendre 求积公式

形如

$$\int_{-1}^{1} f(x)\,\mathrm{d}x \approx \sum_{i=0}^{n} A_i f(x_i) \tag{6.62}$$

的 Gauss 型求积公式称为 **Gauss-Legendre 求积公式**. 可以证明,该求积公式对应的 $n+1$ 个 Gauss 点正好是 $n+1$ 次 Legendre 多项式

$$p_{n+1}(x) = \frac{1}{(n+1)!\ 2^{n+1}} \frac{\mathrm{d}^{n+1}}{\mathrm{d}x^{n+1}}(x^2-1)^{n+1} \tag{6.63}$$

的一组零点.在求得一组 Gauss 求积节点后,求积系数可通过待定系数法或插值型求积公式的求积系数公式求得.表 6.7 给出了部分 Gauss-Legendre 求积公式的求积节点和求积系数.

表 6.7　Gauss-Legendre 求积公式中的数据

n	x_k	A_k
0	0	2
1	±0.577 350 269 2	1
2	±0.774 596 669 2 0	0.555 555 555 6 0.888 888 888 9

续表

n	x_k	A_k
3	±0.861 136 311 6 ±0.339 981 043 6	0.347 854 845 1 0.652 145 154 9
4	±0.906 179 845 9 ±0.538 469 310 1 0	0.236 926 885 1 0.478 628 670 5 0.568 888 888 9

和上一节描述的求积公式不同的是，Gauss-Legendre 求积公式的积分区间是 $[-1,1]$，对于定积分 $\int_a^b f(x)\,\mathrm{d}x$，可以通过变量代换

$$x=\frac{a+b}{2}+\frac{b-a}{2}t \tag{6.64}$$

将区间 $[a,b]$ 上的积分转化为 $[-1,1]$ 上的积分

$$\int_a^b f(x)\,\mathrm{d}x=\frac{b-a}{2}\int_{-1}^1 f\left(\frac{a+b}{2}+\frac{b-a}{2}t\right)\mathrm{d}t. \tag{6.65}$$

然后再使用 Gauss-Legendre 求积公式进行计算.

例 6.8 分别使用两点 Gauss-Legendre 求积公式和四点 Gauss-Legendre 求积公式计算定积分 $\int_0^{\frac{\pi}{2}}\cos x\,\mathrm{d}x$ 的近似值.

解 作变量代换 $x=\frac{\pi}{4}(1+t)$，则

$$I=\int_0^{\frac{\pi}{2}}\cos x\,\mathrm{d}x=\frac{\pi}{4}\int_{-1}^1\cos\left[\frac{\pi}{4}(1+t)\right]\mathrm{d}t.$$

记 $\phi(t)=\cos\left[\frac{\pi}{4}(1+t)\right]$，因为节点 $t_0=0.577\ 350\ 3$，$t_1=-0.577\ 350\ 3$，$A_0=A_1=1$，由两点 Gauss-Legendre 求积公式得

$$I\approx\frac{\pi}{4}[\phi(t_0)+\phi(t_1)]\approx 0.998\ 472\ 601\ 6.$$

同样地，取 $t_0=0.861\ 136\ 311\ 6$，$t_1=-0.861\ 136\ 311\ 6$，$t_2=0.339\ 981\ 043\ 6$，$t_3=-0.339\ 981\ 043\ 6$，$A_0=A_1=0.347\ 854\ 845$，$A_2=A_3=0.652\ 145\ 154\ 9$，由四点 Gauss-Legendre 求积公式得

$$I\approx\frac{\pi}{4}[A_0\phi(t_0)+A_1\phi(t_1)+A_2\phi(t_2)+A_3\phi(t_3)]\approx 0.999\ 999\ 977\ 2.$$

易知，$I=\int_0^{\frac{\pi}{2}}\cos x\,\mathrm{d}x=1$. 四点 Gauss-Legendre 求积公式的误差为

$$|1-0.999\ 999\ 977\ 2| \leqslant 10^{-7}.$$

而由例 6.5 可知，要求误差不超过 10^{-5}，复化梯形公式和复化 Simpson 公式分别需要 181 个求积节点和 11 个求积节点.可见，Gauss 型求积公式具有较高的计算精度.但是，当求积节点数目增加时，Gauss 点发生了变化，前面计算的函数值不能在后面使用.

三、Gauss 型求积公式的截断误差及稳定性

定理 6.8 设被积函数 $f(x)$ 的 $2n+2$ 阶导函数在区间 $[a,b]$ 上连续，则 Gauss 型求积公式的截断误差为

$$R[f]=\frac{f^{(2n+2)}(\xi)}{(2n+2)!}\int_a^b \omega_{n+1}^2(x)\mathrm{d}x,\quad \xi\in(a,b). \tag{6.66}$$

证明 设 $H_{2n+1}(x)$ 是满足如下插值条件的不超过 $2n+1$ 次的插值多项式：

$$\begin{cases} H_{2n+1}(x_k)=f(x_k), \\ H'_{2n+1}(x_k)=f'(x_k) \end{cases} \quad (k=0,1,\cdots,n), \tag{6.67}$$

则其插值余项可表示为

$$f(x)-H_{2n+1}(x)=\frac{f^{(2n+2)}(\eta)}{(2n+2)!}\omega_{n+1}^2(x),\quad \eta\in(a,b). \tag{6.68}$$

由于 Gauss 型求积公式具有 $2n+1$ 次代数精确度，所以

$$\int_a^b H_{2n+1}(x)\mathrm{d}x=\sum_{i=0}^n A_i H_{2n+1}(x_i)=\sum_{i=0}^n A_i f(x_i). \tag{6.69}$$

故求积公式的截断误差可以表示为

$$\begin{aligned} R[f] &= \int_a^b f(x)\mathrm{d}x-\sum_{i=0}^n A_i f(x_i) \\ &= \int_a^b f(x)\mathrm{d}x-\int_a^b H_{2n+1}(x)\mathrm{d}x \\ &= \int_a^b \frac{f^{(2n+2)}(\eta)}{(2n+2)!}\omega_{n+1}^2(x)\mathrm{d}x. \end{aligned} \tag{6.70}$$

因为 $\omega_{n+1}^2(x)$ 在求积区间上不变号，$f(x)$ 的 $2n+2$ 阶导函数在求积区间上连续，对式(6.70)使用广义积分中值定理便得到式(6.66).

对于 Gauss 型求积公式，其求积系数

$$A_k=\sum_{i=0}^n A_i l_k^2(x_i)=\int_a^b l_k^2(x)\mathrm{d}x>0, \tag{6.71}$$

其中 $\{l_i(x)\}_{i=0}^n$ 是以 Gauss 点 $\{x_i\}_{i=0}^n$ 为插值节点的 Lagrange 插值基函数.上式表明 Gauss 求积系数都大于零，进而得到如下定理：

定理 6.9 Gauss 型求积公式序列是稳定的、收敛的.

知识结构图

- 数值微分与数值积分
  - 数值微分
    - 插值法建立数值微分公式
    - Taylor 法建立数值微分公式
    - Richardson 外推法建立高阶数值微分公式
  - 数值积分
    - 基本概念
      - 插值法建立求积公式
      - 代数精确度
      - 收敛性与稳定性
    - Newton-Cotes 公式
      - 具体公式
      - 代数精确度
      - 截断误差
    - 复化求积公式
      - 复化梯形公式
      - 复化 Simpson 公式
      - 区间逐次分半求积算法
    - Romberg 求积公式
    - Gauss 型求积公式
      - 基本理论
      - Gauss-Legendre 公式
      - 截断误差

习题六

1. 设函数 $f(x)$ 在区间 $[x_0-2h,x_0+2h]$ 上有连续的四阶导数，$x_k=x_0+kh(k=\pm2,\pm1,0)$，试证明：

(1) $f'(x_0)=\dfrac{1}{12h}[f(x_{-2})-8f(x_{-1})+8f(x_1)-f(x_2)]+O(h^4)$；

(2) $f''(x_0)=\dfrac{1}{h^2}[f(x_{-1})+f(x_1)-2f(x_0)]+O(h^2)$.

2. 已知函数 $f(x)$ 的下列数据：

x^k	1.8	2.0	2.2	2.4	2.6
$f(x^k)$	3.120 14	4.426 59	6.042 41	8.030 14	10.466 75

分别用公式(6.13)和公式(6.14)计算 $f'(2.2)$ 和 $f''(2.2)$ 的近似值.

3. Archimedes(阿基米德)通过计算半径为 1 的圆的内切和外切正多边形的周长得到 π 的近似值.内切正 n 边形的半周长为

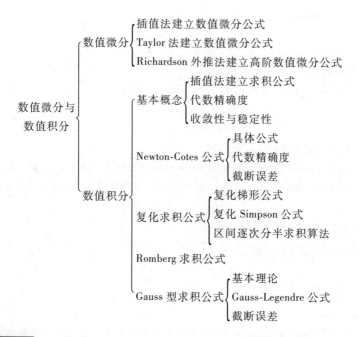

$$p_n = n\sin\left(\frac{\pi}{n}\right),$$

外切正 n 边形的半周长为

$$q_n = n\tan\left(\frac{\pi}{n}\right),$$

这两个值分别给出了 π 值的上限和下限.

(1) 利用 Taylor 公式,证明 p_n 和 q_n 可写成如下形式:

$$p_n = a_0 + a_1h^2 + a_2h^4 + \cdots,$$
$$q_n = b_0 + b_1h^2 + b_2h^4 + \cdots,$$

其中 $h=1/n$,求出精确的 a_0, b_0;

(2) 设 $p_6=3.000\ 0, p_{12}=3.105\ 8$,用 Richardson 外推法作一次外推,得到 π 值的更好近似.类似地,设 $q_6=3.464\ 1, q_{12}=3.215\ 4$,用 Richardson 外推法作一次外推,得到 π 值的更好近似.

4. 试建立如下一点数值求积公式:

(1) 左矩形公式 $\int_a^b f(x)\mathrm{d}x = (b-a)f(a) + \frac{(b-a)^2}{2}f'(\eta_1)$;

(2) 右矩形公式 $\int_a^b f(x)\mathrm{d}x = (b-a)f(b) - \frac{(b-a)^2}{2}f'(\eta_2)$,

式中 $\eta_1, \eta_2 \in (a,b)$.

5. 确定下列求积公式中的参数,使得其代数精确度尽量高,并指明其代数精确度.

(1) $\int_{-h}^{h} f(x)\mathrm{d}x \approx A_{-1}f(-h) + A_0f(0) + A_1f(h)$;

(2) $\int_{-1}^{1} f(x)\mathrm{d}x \approx \frac{1}{3}[2f(x_1) + 3f(x_2) + f(1)]$.

6. 证明:Romberg 阵列中第二列是对被积函数应用 Simpson 公式的结果,即验证式(6.46).

7. 要使积分 $\int_1^2 \ln x\mathrm{d}x$ 的近似值具有 6 位有效数字,用复化 Simpson 公式或复化梯形求积公式分别需要使用多少个节点处的函数值?

8. 用 Romberg 求积算法计算 $\int_0^1 \mathrm{e}^{-x}\mathrm{d}x$ 的近似值,使它具有 5 位有效数字.

9. 利用 Gauss 求积公式和 Newton-Cotes 求积公式(都取四个求积节点)计算积分

$$\int_0^1 \frac{1}{1+x^2}\mathrm{d}x$$

的近似值,并比较结果.

10. (数值实验) 已知积分 $\int_0^1 \sqrt{x}\ln x\mathrm{d}x = -\frac{4}{9}$,试比较如下三种方法计算该积分近似值时,要使结果的误差不超过 10^{-7},各调用了被积函数多少次?

方法 1:基于区间逐次分半法的复化梯形公式;

方法 2:基于区间逐次分半法的复化 Simpson 公式;

方法 3:Romberg 求积公式.

11.(数值实验)用给定的方法求值:

(1)用 Romberg 求积公式计算积分 $I_k = e^{-1}\int_0^1 x^k e^{-x} dx, k = 0,1,\cdots,20$;

(2)证明上述积分满足递推公式

$$I_k = 1 - kI_{k-1},$$

从 $I_0=1-e^{-1}$ 出发,用递推关系计算 $I_k(k=1,\cdots,20)$ 的近似值;

(3)取 $k>20$,从 $I_k=0$ 出发,利用向后递推公式

$$I_{k-1} = (1 - I_k)/k$$

求 I_k 的近似值.用不同的 k 做实验,观察对结果精度的影响.

12.(数值实验)用数值微分公式(6.13)计算中点导数的近似值,试以求对数函数 $\ln x$ 在 0.01,0.1,1,10 处导数的近似值为例,分析计算精度随步长 h 的变化规律,误差是否和 $O(h^2)$ 同阶,是否步长越小计算精度越高?

第七章 常微分方程初值问题的数值解法

在生产实践和许多数学分支中，都需要求解常微分方程初值问题.然而，只有十分简单的常微分方程能用解析方法(如分离变量法、常数变易法等)求得它们的解析解，而多数情形只能利用近似方法求解.常微分方程中涉及的级数解法、逐步逼近法等就是近似解法，这些方法给出解的近似表达式，通常称为近似解析方法.另外一类近似方法是数值方法，它给出解函数在一些离散点处函数值的近似值.利用计算机求解常微分方程初值问题主要使用数值方法.

§7.1 引言

本章考虑如下一阶常微分方程初值问题

$$\begin{cases}\dfrac{\mathrm{d}y}{\mathrm{d}x}=f(x,y), \quad a<x\leqslant b,\\ y(a)=y_0\end{cases} \tag{7.1}$$

在区间$[a,b]$上的解，其中$f(x,y)$为x,y的已知实值函数，y_0为给定的初值.

关于问题(7.1)，有以下的结论.

定理 7.1[18] 如果问题(7.1)中的右端项$f(x,y)$满足

(1) $f(x,y)$在区域$D=\{(x,y)\mid a\leqslant x\leqslant b,-\infty<y<+\infty\}$内连续；

(2) $f(x,y)$关于y满足 Lipschitz(利普希茨)条件：存在正常数L，使得对任意$(x,y_1),(x,y_2)\in D$，均成立不等式

$$|f(x,y_1)-f(x,y_2)|\leqslant L|y_1-y_2|, \tag{7.2}$$

则初值问题(7.1)存在唯一的连续可微解 $y(x)$,且该解连续依赖于初值及右端项.

本章在研究常微分方程初值问题的数值解法时,总是假定常微分方程初值问题(7.1)中的函数 $f(x,y)$ 满足定理 7.1 的条件.

求常微分方程初值问题的数值解时,首先在区间 $[a,b]$ 上布置一组希望求得函数近似值的节点:$a=x_0<x_1<x_2<\cdots<x_N=b$,通常采用等距节点,即 $x_i=a+ih(i=0,1,\cdots,N)$,称 $h=\dfrac{b-a}{N}$ 为步长.求常微分方程初值问题的数值解,就是求常微分方程(7.1)的理论解 $y(x)$ 在相应节点 x_n 上的近似值.通常将微分方程的理论解记为 $y(x_n)$,将数值方法的精确解记为 y_n.

常微分方程初值问题的数值解法一般是逐步进行的,即计算出 y_n 后再计算 y_{n+1}.常微分方程初值问题的数值解法有单步法与多步法之分.若计算 y_{n+1} 时仅依赖于上一步 y_n 的数值,则称为**单步法**.若计算 y_{n+1} 时依赖于前面多步 $y_n,y_{n-1},y_{n-2},\cdots$ 的数值,则称为**多步法**.另外,数值解法还有后面将介绍的显式格式与隐式格式之分.

重点精讲

§ 7.2 Euler 方法及其改进

7.1 显式 Euler 公式

一、显式 Euler 公式

显式 Euler(欧拉)公式是求解常微分方程初值问题的最简单的一种单步显式数值方法,其公式为

$$y_{n+1}=y_n+hf(x_n,y_n)\quad(n=0,1,2,\cdots,N-1), \tag{7.3}$$

称式(7.3)为**显式 Euler 公式**,该公式可以逐步求得各点处解的近似值.

显式 Euler 公式(7.3)可以利用多种方法建立. 若在点 x_n 处利用第六章的数值微分公式(6.11)代替式(7.1)中的导数项,有

$$\frac{y(x_{n+1})-y(x_n)}{x_{n+1}-x_n}\approx f(x_n,y(x_n)),$$

再将解析解改写成数值解形式,即得到显式 Euler 公式(7.3).

若利用 Taylor 展开法,将 $y(x_{n+1})$ 在 x_n 处展开,有

$$y(x_{n+1})=y(x_n)+hy'(x_n)+\frac{1}{2!}h^2y''(\xi)$$

$$= y(x_n) + hf(x_n, y(x_n)) + \frac{1}{2!}h^2 y''(\xi), \tag{7.4}$$

其中 $x_n<\xi<x_{n+1}$.略去 h^2 项,再以数值解 y_n 代替解析解 $y(x_n)$,则同样得式(7.3).

若采用数值积分法,对式(7.1)两端从 x_n 到 x_{n+1} 积分,得

$$y(x_{n+1}) = y(x_n) + \int_{x_n}^{x_{n+1}} f(t, y(t))\,\mathrm{d}t, \tag{7.5}$$

对式(7.5)中的积分项采用左矩形公式(习题六第 4 题)近似,再用数值解代替解析解,同样可以得式(7.3).

显式 Euler 公式具有明晰的几何意义.如图 7.1 所示,常微分方程初值问题(7.1)的解曲线 $y=y(x)$ 过点 $P_0(x_0,y_0)$,从 P_0 出发以 $f(x_0,y_0)$ 为斜率作一直线段,与 $x=x_1$ 相交于点 $P_1(x_1,y_1)$,显然有 $y_1=y_0+hf(x_0,y_0)$.同理再由 P_1 出发,以 $f(x_1,y_1)$ 为斜率作直线段推进到 $x=x_2$ 上一点 $P_2(x_2,y_2)$.这样逐步向前推进,得到一条过 $P_0,P_1,P_2,\cdots$ 的折线,作为 $y=y(x)$ 的近似曲线.因此,显式 Euler 公式又称为 **Euler 折线法**.

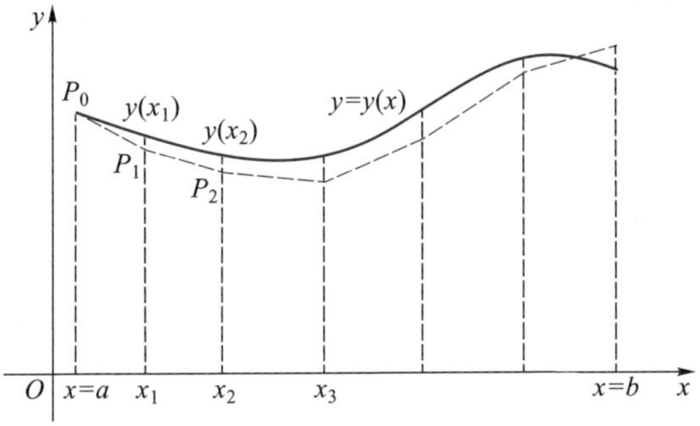

图 7.1　Euler 折线法示意图

二、Euler 公式的改进

重点精讲

7.2 Euler 公式的改进

在公式(7.5)中,若对积分项采用右矩形公式近似,则可以得到

$$y(x_{n+1}) \approx y(x_n) + f(x_{n+1}, y(x_{n+1}))(x_{n+1} - x_n),$$

从而得到

$$y_{n+1} = y_n + hf(x_{n+1}, y_{n+1}) \quad (n = 0,1,2,\cdots,N-1), \tag{7.6}$$

上式称为**隐式 Euler 公式**.

隐式 Euler 公式与显式 Euler 公式的区别在于,显式 Euler 公式是关于 y_{n+1} 的一个直接计算的公式,这类公式称作**显式公式**;隐式 Euler 公式右端含有未知量

y_{n+1}，故它实际上是一个关于 y_{n+1} 的方程，这类公式称作**隐式公式**.

通常情况下，从隐式公式(7.6)中很难直接求出 y_{n+1}，故常用迭代法求隐式公式的近似解.在实际计算时，可由显式 Euler 公式的结果作为迭代的初值，从而有如下数值格式：

$$\begin{cases} y_{n+1}^{(0)} = y_n + hf(x_n, y_n), \\ y_{n+1}^{(s+1)} = y_n + hf(x_{n+1}, y_{n+1}^{(s)}) \quad (s = 0,1,2,\cdots), \\ n = 0,1,2,\cdots,N-1. \end{cases} \tag{7.7}$$

对 $s=0,1,2,\cdots$ 循环计算，直到 $|y_{n+1}^{(s+1)}-y_{n+1}^{(s)}|<\varepsilon$（$\varepsilon$ 为给定的误差限）为止，则取 $y_{n+1}^{(s+1)}$ 作为 y_{n+1} 的近似值.

由于 $f(x,y)$ 关于 y 满足 Lipschitz 条件(7.2)，故由式(7.7)的第二式减去式(7.6)，可得

$$\begin{aligned} |y_{n+1}^{(s+1)} - y_{n+1}| &= h|f(x_{n+1}, y_{n+1}^{(s)}) - f(x_{n+1}, y_{n+1})| \\ &\leqslant hL|y_{n+1}^{(s)} - y_{n+1}|. \end{aligned} \tag{7.8}$$

故当 $hL<1$ 时迭代格式(7.7)收敛到隐式 Euler 公式的解 y_{n+1}，其中 L 为 Lipschitz 常数.

从数值积分的精度看，隐式 Euler 公式并不比显式 Euler 公式精确.为了构造更高精度的数值方法，可以采用梯形公式计算式(7.5)右端的积分，从而得到

$$y_{n+1}=y_n+\frac{h}{2}[f(x_n,y_n)+f(x_{n+1},y_{n+1})] \quad (n=0,1,2,\cdots,N-1), \tag{7.9}$$

上式称为**梯形公式**.它是一种隐式的单步方法，通常需要迭代求解.在实际计算时，仍然将显式 Euler 公式与梯形公式相结合，并由显式 Euler 公式的结果作为迭代的初始值，从而有如下计算公式：

$$\begin{cases} y_{n+1}^{(0)} = y_n + hf(x_n, y_n), \\ y_{n+1}^{(s+1)} = y_n + \dfrac{h}{2}[f(x_n, y_n) + f(x_{n+1}, y_{n+1}^{(s)})] \quad (s = 0,1,2,\cdots), \\ n = 0,1,2,\cdots,N-1. \end{cases} \tag{7.10}$$

使用式(7.10)时，先用显式 Euler 公式由 (x_n, y_n) 得出 $y(x_{n+1})$ 的初始近似值 $y_{n+1}^{(0)}$，然后用式(7.10)中第二式进行迭代，直到 $|y_{n+1}^{(s+1)}-y_{n+1}^{(s)}|<\varepsilon$（$\varepsilon$ 为给定的误差限）为止，并把 $y_{n+1}^{(s+1)}$ 取作 y_{n+1} 的近似值.

为了分析非线性方程(7.9)的迭代求解过程的收敛性，将式(7.10)的第二式与式(7.9)相减，并利用 $f(x,y)$ 关于 y 满足 Lipschitz 条件(7.2)，有

$$
\begin{aligned}
\left| y_{n+1}^{(s+1)} - y_{n+1} \right| &= \frac{h}{2} \left| f(x_{n+1}, y_{n+1}^{(s)}) - f(x_{n+1}, y_{n+1}) \right| \\
&\leqslant \frac{hL}{2} \left| y_{n+1}^{(s)} - y_{n+1} \right| .
\end{aligned} \tag{7.11}
$$

故当$\frac{hL}{2}<1$时迭代格式(7.10)收敛到梯形公式的解 y_{n+1},其中 L 为 Lipschitz 常数.

式(7.10)的计算过程可以提高近似解的精度,但其计算过程较为复杂,且迭代过程中每步都要计算一次函数 $f(x,y)$ 的值,计算量较大.为了简化计算,且当 h 较小时,实践中常常只迭代一次就结束计算,把显式 Euler 公式得到的精度较低的近似值称为**预估值**,而把用精度较高的梯形公式计算一步得到的结果称为**校正值**,从而得到 **Euler 梯形预估校正公式**

$$
\begin{cases}
y_{n+1}^{(0)} = y_n + hf(x_n, y_n), \\
y_{n+1} = y_n + \dfrac{h}{2}[f(x_n, y_n) + f(x_{n+1}, y_{n+1}^{(0)})],
\end{cases} \tag{7.12}
$$

其中第一式称为**预估算式**,第二式称为**校正算式**.

若将式(7.12)中的第一式代入第二式,则可得

$$
y_{n+1} = y_n + \frac{h}{2}[f(x_n, y_n) + f(x_{n+1}, y_n + hf(x_n, y_n))]. \tag{7.13}
$$

可以看出,Euler 梯形预估校正公式实质上仍然是一种显式的单步方法.有时为了计算方便,也常将式(7.12)改写成

$$
\begin{cases}
y_{n+1} = y_n + \dfrac{h}{2}(K_1 + K_2), \\
K_1 = f(x_n, y_n), \\
K_2 = f(x_n + h, y_n + hK_1).
\end{cases} \tag{7.14}
$$

例 7.1 取步长 $h=0.1, \varepsilon=10^{-7}$,分别用显式 Euler 公式、隐式 Euler 公式、梯形公式与 Euler 梯形预估校正公式求解初值问题

$$
\begin{cases}
y' = y - \dfrac{2x}{y}, \quad 0 < x \leqslant 1, \\
y(0) = 1,
\end{cases}
$$

并与精确解 $y(x)=\sqrt{1+2x}$ 进行比较.

解 将 $f(x,y)=y-\frac{2x}{y}$ 代入显式 Euler 法计算公式,对 $n=0,1,\cdots,9$,有

$$
y_{n+1} = y_n + h\left(y_n - \frac{2x_n}{y_n}\right), \quad y_0 = y(0) = 1;
$$

将 $f(x,y)=y-\dfrac{2x}{y}$ 代入隐式 Euler 法计算公式,对 $n=0,1,\cdots,9$,有

$$
\begin{cases}
y_{n+1}^{(0)} = y_n + h\left(y_n - \dfrac{2x_n}{y_n}\right), \\
y_{n+1}^{(s+1)} = y_n + h\left(y_{n+1}^{(s)} - \dfrac{2x_{n+1}}{y_{n+1}^{(s)}}\right) \quad (s=0,1,2,\cdots), \\
y_0 = y(0) = 1;
\end{cases}
$$

将 $f(x,y)=y-\dfrac{2x}{y}$ 代入梯形法计算公式,对 $n=0,1,\cdots,9$,有

$$
\begin{cases}
y_{n+1}^{(0)} = y_n + h\left(y_n - \dfrac{2x_n}{y_n}\right), \\
y_{n+1}^{(s+1)} = y_n + \dfrac{h}{2}\left[\left(y_n - \dfrac{2x_n}{y_n}\right) + \left(y_{n+1}^{(s)} - \dfrac{2x_{n+1}}{y_{n+1}^{(s)}}\right)\right] \quad (s=0,1,2,\cdots), \\
y_0 = y(0) = 1.
\end{cases}
$$

若在上式中仅迭代一次,就是 Euler 梯形预估校正公式.具体计算结果见表7.1.

表 7.1 各种公式的计算结果

x_n	显式 Euler 公式 y_n	隐式 Euler 公式 y_n	梯形公式 y_n	Euler 梯形预估校正公式 y_n	解析解 $y(x_n)$
0.1	1.1	1.090 737 5	1.095 655 8	1.095 909 1	1.095 445 1
0.2	1.191 818 2	1.174 075 8	1.183 593 7	1.184 096 6	1.183 216 0
0.3	1.277 437 8	1.251 248 5	1.265 440 5	1.266 201 4	1.264 911 1
0.4	1.358 212 6	1.323 093 5	1.342 322 4	1.343 360 2	1.341 640 8
0.5	1.435 132 9	1.390 178 1	1.415 058 1	1.416 401 9	1.414 213 6
0.6	1.508 966 3	1.452 870 0	1.484 266 1	1.485 955 6	1.483 239 7
0.7	1.580 338 2	1.511 376 9	1.550 428 0	1.552 514 1	1.549 193 3
0.8	1.649 783 4	1.565 767 3	1.613 928 5	1.616 474 8	1.612 451 6
0.9	1.717 779 3	1.615 977 4	1.675 081 8	1.678 166 4	1.673 320 1
1.0	1.784 770 8	1.661 807 2	1.734 149 5	1.737 867 4	1.732 050 8

通过表格中的数值结果可以看出,显式 Euler 公式计算虽然简便,但它的误差较大,所得的数值解精度不高.隐式 Euler 公式和显式 Euler 公式的精度相当,

本算例中计算结果基本上具有 2 位有效数字.梯形公式和 Euler 梯形预估校正公式确实比显式和隐式的 Euler 公式要准确一些,本算例中它们基本上都具有 3 位有效数字,但梯形公式的计算量远大于 Euler 梯形预估校正公式的计算量.

三、单步法的局部截断误差和阶

重点精讲

7.3 单步法的局部截断误差和阶

忽略数值方法在计算过程中的舍入误差以及隐式公式中非线性方程求解的误差,称数值方法的精确解 y_n 与初值问题的解析解 $y(x_n)$之间的差异

$$e_n = y(x_n) - y_n \tag{7.15}$$

为该数值方法在 x_n 处的**整体截断误差**.显然,该整体截断误差不仅与 x_n 这一步的计算有关,还依赖于前面 $x_{n-1},x_{n-2},\cdots,x_1,x_0$ 各步的误差积累.

为了简化分析,仅分析计算中向前推进一步新产生的误差.为此,引入如下定义.

定义 7.1 假设 $y_n=y(x_n)$,对显式单步方法

$$y_{n+1} = y_n + h\phi(x_n,y_n,h), \tag{7.16}$$

称

$$R_{n+1} = y(x_{n+1}) - y(x_n) - h\phi(x_n,y(x_n),h) \tag{7.17}$$

为显式单步方法(7.16)在 x_{n+1}处的**局部截断误差**.

若假设 $y_n=y(x_n)$,即第 n 步及以前各步没有误差,则由式(7.16)计算一步所得的 y_{n+1}与准确值 $y(x_{n+1})$之差为

$$\begin{aligned} y(x_{n+1}) - y_{n+1} &= y(x_{n+1}) - [y_n + h\phi(x_n,y_n,h)] \\ &= y(x_{n+1}) - y(x_n) - h\phi(x_n,y(x_n),h) = R_{n+1}. \end{aligned}$$

这就是定义 7.1 中“局部”的含义,即局部截断误差是在前面各步计算结果准确的条件下向前推进一步的误差.因而,R_{n+1}和整体截断误差 e_{n+1}不同.

定义 7.2 若存在正整数 p,使得局部截断误差

$$R_{n+1} = \psi(x_n,y(x_n))h^{p+1} + O(h^{p+2}), \tag{7.18}$$

则称该方法为 ***p* 阶方法**.$\psi(x_n,y(x_n))h^{p+1}$称为**主局部截断误差**或**局部截断误差的主项**.

对显式 Euler 公式,局部截断误差

$$\begin{aligned} R_{n+1} &= y(x_{n+1}) - y(x_n) - h\phi(x_n,y(x_n),h) \\ &= y(x_{n+1}) - y(x_n) - hf(x_n,y(x_n)) \\ &= y(x_{n+1}) - y(x_n) - hy'(x_n) \end{aligned}$$

$$= \frac{1}{2}h^2 y''(x_n) + \frac{1}{3!}h^3 y'''(x_n) + \cdots = O(h^2),$$

故显式 Euler 公式是一阶方法,其局部截断误差为

$$R_{n+1} = \frac{1}{2}h^2 y''(x_n) + O(h^3), \tag{7.19}$$

主局部截断误差为$\frac{1}{2}h^2 y''(x_n)$.

Euler 梯形预估校正公式(7.12)或(7.13)的局部截断误差

$$\begin{aligned} R_{n+1} &= y(x_{n+1}) - y(x_n) - h\phi(x_n, y(x_n), h) \\ &= y(x_{n+1}) - y(x_n) - \frac{h}{2}[f(x_n, y(x_n)) + f(x_{n+1}, y(x_n) + hf(x_n, y(x_n)))] \\ &= y(x_{n+1}) - y(x_n) - \frac{h}{2}y'(x_n) - \frac{h}{2}f(x_n + h, y(x_n) + hy'(x_n)) \\ &= y(x_{n+1}) - y(x_n) - \frac{h}{2}y'(x_n) - \frac{h}{2}[f(x_n, y(x_n)) + hf_x(x_n, y(x_n)) + \\ &\quad hy'(x_n)f_y(x_n, y(x_n)) + O(h^2)]. \end{aligned}$$

又由

$$y'(x_n) = f(x_n, y(x_n)),$$
$$y''(x_n) = f_x(x_n, y(x_n)) + y'(x_n)f_y(x_n, y(x_n)),$$

故

$$R_{n+1} = y(x_{n+1}) - y(x_n) - h\phi(x_n, y(x_n), h) = O(h^3). \tag{7.20}$$

从而 Euler 梯形预估校正公式为二阶方法.

对于隐式方法,类似地有局部截断误差的定义.对隐式 Euler 公式(7.6),有

$$\begin{aligned} R_{n+1} &= y(x_{n+1}) - y(x_n) - h\phi(x_n, y(x_n), y(x_{n+1}), h) \\ &= y(x_{n+1}) - y(x_n) - hf(x_{n+1}, y(x_{n+1})) \\ &= y(x_{n+1}) - y(x_n) - hy'(x_{n+1}). \end{aligned}$$

将上式中的 $y(x_{n+1}), y'(x_{n+1})$ 均在 x_n 处作 Taylor 展开,整理得

$$R_{n+1} = -\frac{h^2}{2}y''(x_n) + O(h^3), \tag{7.21}$$

故隐式 Euler 公式是一阶方法.

类似地,可以证明,对于梯形公式(7.9),其局部截断误差为

$$R_{n+1} = -\frac{h^3}{12}y'''(x_n) + O(h^4), \tag{7.22}$$

故梯形公式是二阶方法.

§ 7.3 Runge-Kutta 方法

由上节知道,截断误差的阶是衡量一个方法精度高低的主要依据,本节将借助 Taylor 级数建立高阶单步方法.

一、Taylor 级数展开法

若初值问题(7.1)的精确解 $y(x)$ 充分光滑,在 Taylor 公式

$$y(x_{n+1}) = y(x_n) + hy'(x_n) + \cdots + \frac{h^k}{k!}y^{(k)}(x_n) + O(h^{k+1})$$

中截取前 $k+1$ 项,并用近似值 $y_n^{(i)}(i=0,1,2,\cdots,k)$ 代替真值 $y^{(i)}(x_n)(i=0,1,2,\cdots,k)$,则得到 k 阶 **Taylor 级数展开公式**

$$y_{n+1} = y_n + hy_n' + \frac{h^2}{2!}y_n'' + \cdots + \frac{h^k}{k!}y_n^{(k)}, \tag{7.23}$$

其局部截断误差为

$$R_{n+1} = \frac{h^{k+1}}{(k+1)!}y^{(k+1)}(x_n) + O(h^{k+2}). \tag{7.24}$$

根据复合函数求导法则,$y_n^{(i)}(i=1,2,\cdots,k)$有下列计算公式:

$$\begin{cases} y_n' = f(x_n, y_n), \\ y_n'' = (f_x + ff_y)(x_n, y_n), \\ y_n''' = (f_{xx} + 2ff_{xy} + f^2 f_{yy} + f_x f_y + ff_y^2)(x_n, y_n), \\ \cdots\cdots\cdots\cdots \end{cases} \tag{7.25}$$

特别地,当 $k=1$ 时,就得到显式 Euler 公式.

例 7.2 取步长 $h=0.1$,用二阶和四阶 Taylor 级数展开法求解初值问题

$$\begin{cases} y' = y - \dfrac{2x}{y}, \quad 0 < x \leqslant 1, \\ y(0) = 1. \end{cases}$$

解 由 $y' = f(x,y) = y - \dfrac{2x}{y}$ 计算,得

$$y'' = y' - \frac{2}{y^2}(y - xy'),$$

$$y''' = y'' + \frac{2}{y^2}(xy'' + 2y') - \frac{4x}{y^3}(y')^2,$$

$$y^{(4)} = y''' + \frac{2}{y^2}(xy''' + 3y'') - \frac{12}{y^3}y'(xy'' + y') + \frac{12x(y')^3}{y^4}.$$

据此，用 $k=2$ 和 $k=4$ 时的 Taylor 级数展开公式(7.23)计算的结果见表 7.2.

表 7.2　二阶和四阶 Taylor 级数展开法的计算结果

x_n	二阶 Taylor 公式 y_n	$\lvert y(x_n)-y_n \rvert$	四阶 Taylor 公式 y_n	$\lvert y(x_n)-y_n \rvert$
0.1	1.095	0.445 115 0E−03	1.095 437 5	0.761 501 1E−05
0.2	1.182 425 4	0.790 547 7E−03	1.183 203 9	0.120 372 0E−04
0.3	1.263 810 2	0.110 086 7E−02	1.264 895 6	0.154 922 4E−04
0.4	1.340 230 5	0.141 030 0E−02	1.341 622 0	0.188 054 8E−04
0.5	1.412 472 8	0.174 076 8E−02	1.414 191 2	0.223 640 2E−04
0.6	1.481 130 5	0.210 917 7E−02	1.483 213 3	0.264 040 8E−04
0.7	1.546 662 5	0.253 081 8E−02	1.549 162 2	0.311 128 4E−04
0.8	1.609 430 3	0.302 122 3E−02	1.612 414 9	0.366 707 3E−04
0.9	1.669 722 7	0.359 736 8E−02	1.673 276 8	0.432 727 7E−04
1.0	1.727 772 2	0.427 861 4E−02	1.731 999 7	0.511 420 9E−04

从例 7.2 可以看出，方法阶数越大，精度越高，故 Taylor 级数展开法只要初值问题的真解充分光滑，就可以获得精度较高的数值解，但需计算 $y(x)$ 的各阶导数，当 $f(x,y)$ 的表达式比较复杂时非常烦琐.因此 Taylor 级数展开法很少单独使用，常用它建立的线性多步法等数值方法计算前几步的近似值.

二、Runge-Kutta 方法

重点精讲

7.4 Runge-Kutta 方法

建立高阶的数值方法需要计算未知函数的高阶导数，若像 Taylor 级数展开法那样，直接由 $f(x,y)$ 出发，利用复合函数求导法则计算高阶导数，需要很大的计算量(参见式(7.25)).若用在点 (x,y) 附近一些点的函数值的线性组合来取代相应导数的计算，则有望减少计算量.Runge-Kutta(龙格-库塔)提出如下形式的显式单步法：

$$\begin{cases} y_{n+1} = y_n + h\sum_{i=1}^{r} c_i K_i, \\ K_1 = f(x_n, y_n), \\ K_i = f\left(x_n + \alpha_i h, y_n + h\sum_{j=1}^{i-1} \beta_{ij} K_j\right) \quad (i = 2,3,\cdots,r), \end{cases} \tag{7.26}$$

其中 c_i,α_i,β_{ij} 均为待定常数.式(7.26)需要计算函数在 r 个点处的函数值,故称其为 ***r* 级 Runge-Kutta 方法**.

事实上,一级 Runge-Kutta 方法就是显式 Euler 公式.下面以二级 Runge-Kutta 方法为例,介绍参数的确定方法.

二级 Runge-Kutta 公式

$$\begin{cases} y_{n+1} = y_n + h(c_1K_1 + c_2K_2), \\ K_1 = f(x_n, y_n), \\ K_2 = f(x_n + \alpha_2 h, y_n + h\beta_{21}K_1 \end{cases} \tag{7.27}$$

需要确定参数 $c_1,c_2,\alpha_2,\beta_{21}$.按照局部截断误差的概念,有

$$\begin{aligned} R_{n+1} &= y(x_{n+1}) - y(x_n) - h\phi(x_n, y(x_n), h) \\ &= y(x_{n+1}) - y(x_n) - h[c_1 f(x_n, y(x_n)) + c_2 f(x_n + \alpha_2 h, y(x_n) + \\ &\quad h\beta_{21} f(x_n, y(x_n)))] \\ &= \left[y(x_n) + hy'(x_n) + \frac{1}{2!}h^2 y''(x_n) + \frac{1}{3!}h^3 y'''(x_n) + \cdots\right] - y(x_n) - c_1 hy'(x_n) - \\ &\quad c_2 h\left\{f + \alpha_2 hf_x + h\beta_{21} y'(x) f_y + \frac{1}{2}(\alpha_2 h)^2 f_{xx} + \alpha_2\beta_{21} h^2 y'(x) f_{xy} + \right. \\ &\quad \left. \frac{1}{2}[h\beta_{21} y'(x)]^2 f_{yy} + O(h^3)\right\}_{(x_n, y(x_n))} \\ &= (1 - c_1 - c_2)hy'(x_n) + h^2\left[\frac{1}{2}y''(x) - c_2\alpha_2 f_x - c_2\beta_{21} y'(x) f_y\right]_{(x_n, y(x_n))} + \\ &\quad h^3\left\{\frac{1}{3!}y'''(x) - \frac{1}{2}c_2\alpha_2^2 f_{xx} - c_2\alpha_2\beta_{21} y'(x) f_{xy} - \right. \\ &\quad \left. \frac{1}{2}c_2\beta_{21}^2 [y'(x)]^2 f_{yy}\right\}_{(x_n, y(x_n))} + O(h^4). \end{aligned}$$

根据复合函数求导法则,可得

$$\begin{aligned} R_{n+1} &= y(x_{n+1}) - y(x_n) - h\phi(x_n, y(x_n), h) \\ &= (1 - c_1 - c_2)hy'(x_n) + h^2\left[\left(\frac{1}{2} - c_2\alpha_2\right) f_x + \left(\frac{1}{2} - c_2\beta_{21}\right) ff_y\right]_{(x_n, y(x_n))} + \\ &\quad h^3\left[\left(\frac{1}{6} - \frac{1}{2}c_2\alpha_2^2\right) f_{xx} + \left(\frac{1}{3} - c_2\alpha_2\beta_{21}\right) ff_{xy} + \left(\frac{1}{6} - \frac{1}{2}c_2\beta_{21}^2\right) f^2 f_{yy} + \right. \\ &\quad \left. \frac{1}{6}f_y(f_x + ff_y)\right]_{(x_n, y(x_n))} + O(h^4). \end{aligned} \tag{7.28}$$

要使上式等于 $O(h^3)$,只需满足

$$
\begin{cases}
1 - c_1 - c_2 = 0, \\
\dfrac{1}{2} - c_2\alpha_2 = 0, \\
\dfrac{1}{2} - c_2\beta_{21} = 0
\end{cases}
\tag{7.29}
$$

即可.式(7.29)中有四个未知量、三个方程,故可以得到无穷多组解,也就是可以得到无穷多个二级二阶 Runge-Kutta 公式.由于式(7.27)为二级方法,从而有 $c_2 \neq 0$,此时式(7.29)可以改写为

$$
\begin{cases}
c_1 = 1 - c_2, \\
\alpha_2 = \beta_{21} = \dfrac{1}{2c_2}.
\end{cases}
$$

常见的二级二阶 Runge-Kutta 公式如下:

(1) 当 $c_1 = c_2 = \dfrac{1}{2}, \alpha_2 = \beta_{21} = 1$ 时,得到 Euler 梯形预估校正公式(7.14).

(2) 当 $c_1 = 0, c_2 = 1, \alpha_2 = \beta_{21} = \dfrac{1}{2}$时,有

$$
\begin{cases}
y_{n+1} = y_n + hK_2, \\
K_1 = f(x_n, y_n), \\
K_2 = f\left(x_n + \dfrac{1}{2}h, y_n + \dfrac{1}{2}hK_1\right),
\end{cases}
\tag{7.30}
$$

式(7.30)称为**中点公式**.

(3) 当 $c_1 = \dfrac{1}{4}, c_2 = \dfrac{3}{4}, \alpha_2 = \beta_{21} = \dfrac{2}{3}$时,有

$$
\begin{cases}
y_{n+1} = y_n + \dfrac{h}{4}(K_1 + 3K_2), \\
K_1 = f(x_n, y_n), \\
K_2 = f\left(x_n + \dfrac{2}{3}h, y_n + \dfrac{2}{3}hK_1\right),
\end{cases}
\tag{7.31}
$$

式(7.31)称为**二阶 Heun(休恩)公式**.对于该公式,若将其系数 $c_1, c_2, \alpha_2, \beta_{21}$ 代入式(7.28)中,则有

$$
R_{n+1} = y(x_{n+1}) - y_{n+1} = \frac{1}{6}h^3 f_y(f_x + ff_y)_{(x_n, y(x_n))} + O(h^4). \tag{7.32}
$$

比较式(7.28)与式(7.32)知,二阶 Heun 公式(7.31)是局部截断误差项数最少的二级 Runge-Kutta 公式,同时也说明二级 Runge-Kutta 方法不可能达到三阶.

用完全类似的方法还可以导出更多更高阶的 Runge-Kutta 公式.常见的高阶 Runge-Kutta 公式如下:

(1) 三级三阶 Heun 公式

$$\begin{cases} y_{n+1}=y_n+\frac{h}{4}(K_1+3K_3), \\ K_1=f(x_n,y_n), \\ K_2=f\left(x_n+\frac{1}{3}h,y_n+\frac{h}{3}K_1\right), \\ K_3=f\left(x_n+\frac{2}{3}h,y_n+\frac{2h}{3}K_2\right). \end{cases} \tag{7.33}$$

(2) 三级三阶 Kutta 公式

$$\begin{cases} y_{n+1}=y_n+\frac{h}{6}(K_1+4K_2+K_3), \\ K_1=f(x_n,y_n), \\ K_2=f\left(x_n+\frac{1}{2}h,y_n+\frac{h}{2}K_1\right), \\ K_3=f(x_n+h,y_n-hK_1+2hK_2). \end{cases} \tag{7.34}$$

(3) 四级四阶经典 Runge-Kutta 公式

$$\begin{cases} y_{n+1}=y_n+\frac{h}{6}(K_1+2K_2+2K_3+K_4), \\ K_1=f(x_n,y_n), \\ K_2=f\left(x_n+\frac{1}{2}h,y_n+\frac{h}{2}K_1\right), \\ K_3=f\left(x_n+\frac{1}{2}h,y_n+\frac{h}{2}K_2\right), \\ K_4=f(x_n+h,y_n+hK_3). \end{cases} \tag{7.35}$$

(4) 四级四阶 Gill(基尔) 公式

$$\begin{cases} y_{n+1} = y_n + \dfrac{h}{6}[K_1 + (2 - \sqrt{2})K_2 + (2 + \sqrt{2})K_3 + K_4], \\ K_1 = f(x_n, y_n), \\ K_2 = f\left(x_n + \dfrac{1}{2}h, y_n + \dfrac{h}{2}K_1\right), \\ K_3 = f\left(x_n + \dfrac{1}{2}h, y_n + \dfrac{\sqrt{2} - 1}{2}hK_1 + \dfrac{2 - \sqrt{2}}{2}hK_2\right), \\ K_4 = f\left(x_n + h, y_n - \dfrac{\sqrt{2}}{2}hK_2 + \left(1 + \dfrac{\sqrt{2}}{2}\right)hK_3\right). \end{cases} \tag{7.36}$$

例 7.3 取 $h=0.1$,用二级二阶 Heun 公式和四级四阶经典 Runge-Kutta 公式求解初值问题

$$\begin{cases} y' = y - \dfrac{2x}{y}, \quad 0 < x \leqslant 1, \\ y(0) = 1. \end{cases}$$

解 将 $f(x,y)=y-\dfrac{2x}{y}$ 代入式(7.31)和式(7.35)进行计算,结果见表 7.3.

表 7.3 二级二阶 Heun 公式和四级四阶经典 Runge-Kutta 公式的计算结果

x_n	二级二阶 Heun 公式 y_n	$\lvert y(x_n)-y_n \rvert$	四级四阶 Runge-Kutta 公式 y_n	$\lvert y(x_n)-y_n \rvert$
0.1	1.095 625 0	0.179 884 9E−03	1.095 445 5	0.416 682 8E−06
0.2	1.183 572 3	0.356 339 1E−03	1.183 216 7	0.788 886 1E−06
0.3	1.265 449 1	0.538 067 5E−03	1.264 912 2	0.116 427 3E−05
0.4	1.342 373 6	0.732 839 9E−03	1.341 642 4	0.156 725 1E−05
0.5	1.415 161 6	0.948 022 0E−03	1.414 215 6	0.201 551 7E−05
0.6	1.484 430 8	0.119 110 2E−02	1.483 242 2	0.252 535 3E−05
0.7	1.550 663 5	0.147 013 7E−02	1.549 196 5	0.311 381 9E−05
0.8	1.614 245 7	0.179 415 4E−02	1.612 455 4	0.380 000 0E−05
0.9	1.675 493 6	0.217 353 2E−02	1.673 324 7	0.460 594 8E−05
1.0	1.734 671 2	0.262 040 3E−02	1.732 056 4	0.555 759 7E−05

将本例结果与例 7.1 和例 7.2 的结果比较可以看出,四级四阶经典 Runge-

Kutta 公式是一种精度较高的单步方法，对本例来说基本具有 6 位有效数字；二阶 Heun 公式对本例则具有 3 位有效数字，计算精度比 Euler 梯形预估校正公式好些，但比梯形公式稍差一些.另外，采用四级四阶经典 Runge-Kutta 公式，每一步都需要计算四个 $f(x,y)$ 的函数值，就计算量来说是二级二阶 Runge-Kutta 公式的两倍.若对于本例取 $h=0.2$，用四级四阶经典 Runge-Kutta 公式的计算结果见表 7.4.

表 7.4　四级四阶经典 Runge-Kutta 公式的计算结果

x_n	y_n	$\lvert y(x_n)-y_n \rvert$
0.2	1.183 229 3	0.133 308 3E-04
0.4	1.341 666 9	0.261 433 5E-04
0.6	1.483 281 5	0.417 609 3E-04
0.8	1.612 514 0	0.624 920 2E-04
1.0	1.732 141 9	0.910 751 3E-04

可以看出，取 $h=0.2$ 时，四级四阶经典 Runge-Kutta 公式的结果对本例仍然具有 4 位有效数字，精度仍高于其他的二阶方法，且只需五步计算，计算量与二级二阶 Runge-Kutta 公式相当.本例说明在求解实际问题时，合理选择算法及其步长非常重要.

三、单步法的收敛性和稳定性

定义 7.3　若对于任意固定的 $x\in[a,b]$，$x=a+nh$，在显式单步方法中用不同的步长 $h\left(h=\dfrac{x-a}{n}\right)$ 求初值问题(7.1)的近似解 y_n.若当 $h\to 0$ 时，有 $y_n\to y(x)$，则称该单步方法是**收敛**的.

从定义 7.3 知，显式单步方法收敛等价于对任意固定的 $x=a+nh$，整体截断误差 $e_n=y(x_n)-y_n=y(x)-y_n$ 在步长 $h\to 0$ 时收敛到零.因此，仅知道某一种算法的局部截断误差并不能判断其收敛性，要通过分析其整体截断误差才能判断收敛性.关于显式单步方法的整体截断误差与局部截断误差有如下的定理.

定理 7.2[6]　若求解初值问题(7.1)的显式单步方法公式(7.16)中的 $\phi(x,y,h)$ 关于 y 满足 Lipschitz 条件，且其局部截断误差为 $R_{n+1}=O(h^{p+1})\ (p\geqslant 1)$，则该显式单步方法的整体截断误差为

$$e_{n+1}=y(x_{n+1})-y_{n+1}=O(h^{p}). \tag{7.37}$$

该定理说明，显式单步方法的整体截断误差比局部截断误差低一阶. 可以证明，隐式单步方法具有相同的结论，收敛的单步方法至少是一阶方法[6].

单步方法收敛的概念没有考虑舍入误差对数值解法的影响. 一个单步方法，即使它是收敛的，但在计算过程中舍入误差的累积，也有可能导致最终的数值结果较大地偏离精确解. 因此必须讨论舍入误差对数值计算的影响，即单步方法的数值稳定性问题.

定义 7.4 对于给定的步长 h，若单步方法在计算 y_n 时有扰动 δ_n，由此引起后续各节点函数值的近似值 $y_m(m>n)$ 的偏差 δ_m 满足 $|\delta_m| \leqslant |\delta_n|$，则称该单步方法对于步长 h **绝对稳定**.

由于单步方法的表达式中含有常微分方程的右端项 $f(x,y)$，所以方法的稳定性依赖于所给初值问题，这给考察方法的绝对稳定性带来困难. 为了简化分析，通常针对模型方程

$$\frac{\mathrm{d}y}{\mathrm{d}x} = \lambda y \tag{7.38}$$

进行讨论，其中 λ 为复常数. 为了保证微分方程本身的稳定性，应有 $\mathrm{Re}(\lambda)<0$.

讨论某方法的稳定性，在这里就是讨论该方法对模型方程的稳定性. 以显式 Euler 公式为例，对于模型方程(7.38)，有

$$y_{n+1} = y_n + h\lambda y_n = (1 + \lambda h) y_n.$$

设计算时 y_n 有扰动 δ_n，即实际得到的 $y(x_n)$ 的近似值为 $\tilde{y}_n = y_n + \delta_n$，当 $\tilde{y}_n$ 代替 y_n 参与进一步计算时，引起 y_{n+1} 的偏差记为 δ_{n+1}，即有

$$\tilde{y}_{n+1} = y_{n+1} + \delta_{n+1} = (1 + \lambda h)\tilde{y}_n = (1 + \lambda h)(y_n + \delta_n),$$

从而

$$\delta_{n+1} = (1 + \lambda h)\delta_n.$$

要使 $|\delta_{n+1}| \leqslant |\delta_n|$，须使 $|1+\lambda h| \leqslant 1$.

可以看出，显式 Euler 公式的稳定性与所用的步长 h 和复数 λ 有关. 从而引出如下定义.

定义 7.5 若对复平面上的某个区域 G，当 $\lambda h \in G$ 时单步方法绝对稳定，则称 G 为单步方法的**绝对稳定区域**，G 与实轴的交称为**绝对稳定区间**.

由定义 7.5 可知，显式 Euler 公式的绝对稳定区域是 $|1+\lambda h| \leqslant 1$，绝对稳定区间为 $[-2,0)$，或步长 h 满足 $0<h\leqslant -\dfrac{2}{\mathrm{Re}(\lambda)}$.

对于梯形公式，将梯形公式应用到模型方程(7.38)，得到

$$y_{n+1} = y_n + \frac{h}{2}(\lambda y_n + \lambda y_{n+1}),$$

即

$$y_{n+1}=\frac{1+\dfrac{1}{2}\lambda h}{1-\dfrac{1}{2}\lambda h}y_n.$$

类似可得

$$\delta_{n+1}=\frac{1+\dfrac{1}{2}\lambda h}{1-\dfrac{1}{2}\lambda h}\delta_n.$$

要使 $|\delta_{n+1}|\leqslant|\delta_n|$,须使

$$\left|\frac{1+\dfrac{1}{2}\lambda h}{1-\dfrac{1}{2}\lambda h}\right|\leqslant 1.$$

由于 $\mathrm{Re}(\lambda)<0$,故上式对任意的步长 h 总成立,因此称梯形公式为**无条件稳定**的.

同理,可以得到二级二阶 Runge-Kutta 公式的绝对稳定区域为 $\left|1+\lambda h+\frac{1}{2}(\lambda h)^2\right|\leqslant 1$,绝对稳定区间为$[-2,0)$.三级三阶 Runge-Kutta 公式的绝对稳定区域为 $\left|1+\lambda h+\frac{1}{2!}(\lambda h)^2+\frac{1}{3!}(\lambda h)^3\right|\leqslant 1$,绝对稳定区间为$[-2.51,0)$.四级四阶 Runge-Kutta 公式的绝对稳定区域为 $\left|1+\lambda h+\frac{1}{2!}(\lambda h)^2+\frac{1}{3!}(\lambda h)^3+\frac{1}{4!}(\lambda h)^4\right|\leqslant 1$,绝对稳定区间为$[-2.78,0)$.

例 7.4 对常微分方程初值问题

$$\begin{cases}y'=-20y, & 0<x\leqslant 1,\\ y(0)=1\end{cases}$$

用显式 Euler 公式、梯形公式与 Euler 梯形预估校正公式计算 $y(1)$ 的近似值,要求分别用 $h=0.2,0.1,0.01,0.001,0.000\ 1$ 进行计算,取 $\varepsilon=10^{-7}$.

解 题中 $f(x,y)=-20y$,即 $\lambda=-20$,容易求得精确解为 $y=\mathrm{e}^{-20x}$,$y(1)=0.206\ 115\ 4\times10^{-8}$.分别对各种步长 h 用题中要求的各种方法进行计算,所得结果见表 7.5.

表 7.5 不同步长的计算结果比较

h	显式 Euler 公式	梯形公式	Euler 梯形预估校正公式
0.2	-243.000 024 1	不收敛	3 125.000 558 8
0.1	1.000 000 3	不收敛	1.000 000 0
0.01	0.203 703 7E-09	0.209 712 5E-08	0.240 649 8E-08
0.001	0.168 296 6E-08	0.206 234 6E-08	0.206 394 3E-08
0.000 1	0.202 028 7E-08	0.206 117 6E-08	0.206 118 2E-08

由于 $\lambda=-20$,故当 $h\leqslant-\frac{2}{-20}=0.1$ 时显式 Euler 公式绝对稳定,同样可以推算知当 $h\leqslant0.1$ 时 Euler 梯形预估校正公式也绝对稳定.但当 $h=0.2$ 时显式 Euler 公式与 Euler 梯形预估校正公式都不稳定,从而计算结果远远偏离精确解.取其他的 h 值($h\leqslant0.1$),两种方法都绝对稳定,但要使计算结果充分接近解析解还需要较小的 h 值.可以看出,在一定程度上 h 越小,计算结果越好.至于梯形公式,理论上讲,对于任何 h 值都绝对稳定,但由于非线性方程求解收敛性的要求,当 $\frac{1}{2}hL\geqslant1$ 时,迭代法不收敛,故当 $h\geqslant0.1$ 时,得不到可靠的结果.从以上算例可以看出,要保证较高的精度,必须取适当的步长 h.

§7.4 线性多步法

Runge-Kutta 方法每向前推进一步都需要计算函数 $f(x,y)$ 在几个点上的值,计算量较大.而计算 y_{n+1} 之前已经求出一系列节点处 $f(x,y)$ 的值,充分利用这些信息来减少计算量便产生了线性多步法.**线性多步法**利用已求出若干节点 x_n, $x_{n-1},\cdots$处的近似值 $y_n,y_{n-1},\cdots$和 $f(x,y)$ 在这些点处值的线性组合求下一个节点处的近似值,其一般形式为

$$y_{n+1}=\sum_{i=0}^{r-1}\alpha_i y_{n-i}+h\sum_{i=-1}^{r-1}\beta_i f_{n-i},\tag{7.39}$$

或者写成

$$\begin{cases}y_{n+1}=g_n+h\beta_{-1}f_{n+1},\\ g_n=\sum\limits_{i=0}^{r-1}\alpha_i y_{n-i}+h\sum\limits_{i=0}^{r-1}\beta_i f_{n-i},\end{cases}\tag{7.40}$$

其中 α_i,β_i 都是常数,α_{r-1},β_{r-1}不全为零.当 $\beta_{-1}=0$ 时为显式公式,否则为隐式公式.由于在计算 y_{n+1} 时需要点 $x_n,x_{n-1},\cdots,x_{n-r+1}$ 处函数值的近似值 $y_n,y_{n-1},\cdots,$

y_{n-r+1}，故称式(7.40)为**线性 r 步方法**. 当 $r=1$ 时，式(7.40)就是一种单步方法. 若取 $r=1$，$\alpha_0=1$，$\beta_0=1$，$\beta_{-1}=0$，就得到显式 Euler 公式. 若取 $r=1$，$\alpha_0=1$，$\beta_0=\beta_{-1}=\frac{1}{2}$，就得到梯形公式. 可以看出，显式线性多步法每步只需要计算一次 $f(x,y)$ 的值，其他节点处 $f(x,y)$ 的值前面各步已相继计算出来.

线性多步法的局部截断误差定义同单步法. 可以证明，在一定条件下，显式线性多步法的整体截断误差比局部截断误差低一阶. 关于线性多步法的收敛性与稳定性的讨论参见文献[6]. 下面分别用数值积分法和 Taylor 级数展开法来确定线性多步法中的相关参数.

一、基于数值积分的构造方法

重点精讲

7.5 线性多步法的数值积分法构造

将初值问题(7.1)的微分方程两端同时从 x_{n-r} 到 x_{n+1} 积分，得

$$y(x_{n+1})=y(x_{n-r})+\int_{x_{n-r}}^{x_{n+1}}f(x,y(x))\,\mathrm{d}x. \tag{7.41}$$

记 $F(x)=f(x,y(x))$，用 Lagrange 插值多项式来近似式(7.41)中的被积函数 $F(x)$，则可以导出不同的线性多步法. 下面导出常用的四阶 Adams(亚当斯)公式. 为了方便起见，记 $f_n=f(x_n,y_n)$.

在式(7.41)中取 $r=0$，并选择等距节点 $x_n,x_{n-1},x_{n-2},x_{n-3}$ 作为插值节点，作函数 $F(x)$ 的三次插值多项式

$$p_3(x)=\sum_{i=0}^{3}\left(\prod_{\substack{j=0\\ j\neq i}}^{3}\frac{x-x_{n-j}}{x_{n-i}-x_{n-j}}\right)F(x_{n-i}),$$

其插值余项为

$$R_3(x)=\frac{1}{4!}F^{(4)}(\xi)(x-x_n)(x-x_{n-1})(x-x_{n-2})(x-x_{n-3})\quad(x_{n-3}\leqslant\xi\leqslant x_n).$$

把 $F(x)=p_3(x)+R_3(x)$ 代入式(7.41)，得

$$y(x_{n+1})=y(x_n)+\int_{x_n}^{x_{n+1}}p_3(x)\,\mathrm{d}x+\int_{x_n}^{x_{n+1}}R_3(x)\,\mathrm{d}x.$$

略去上式右端第三项，得

$$y(x_{n+1})\approx y(x_n)+\int_{x_n}^{x_{n+1}}p_3(x)\,\mathrm{d}x\quad(n=3,4,\cdots). \tag{7.42}$$

对上式积分部分作变量代换 $x=x_n+th$，并注意到

$$x_n-x_{n-1}=x_{n-1}-x_{n-2}=x_{n-2}-x_{n-3}=h,$$

则

$$\int_{x_n}^{x_{n+1}}p_3(x)\,\mathrm{d}x$$

$$= \int_0^1 \left[\frac{F(x_n)}{3!}(t+1)(t+2)(t+3) + \frac{F(x_{n-1})}{-2!} t(t+2)(t+3) + \frac{F(x_{n-2})}{2!} t(t+1)(t+3) + \frac{F(x_{n-3})}{-3!} t(t+1)(t+2) \right] h\mathrm{d}t$$

$$= \frac{h}{24}[55F(x_n) - 59F(x_{n-1}) + 37F(x_{n-2}) - 9F(x_{n-3})]. \tag{7.43}$$

结合式(7.42)及式(7.43)得到线性四步 **Adams 显式公式**

$$y_{n+1} = y_n + \frac{h}{24}(55f_n - 59f_{n-1} + 37f_{n-2} - 9f_{n-3}), \tag{7.44}$$

其局部截断误差为

$$R_{n+1} = \int_{x_n}^{x_{n+1}} \frac{1}{4!} F^{(4)}(\xi)(x - x_n)(x - x_{n-1})(x - x_{n-2})(x - x_{n-3})\mathrm{d}x.$$

因为$(x-x_n)(x-x_{n-1})(x-x_{n-2})(x-x_{n-3})$在$[x_n, x_{n+1}]$上不变号,并设 $F^{(4)}(x)$在$[x_n, x_{n+1}]$上连续,利用广义积分中值定理,则存在 $\eta \in [x_n, x_{n+1}]$,使得

$$R_{n+1} = \frac{1}{4!} F^{(4)}(\eta) \int_{x_n}^{x_{n+1}} (x - x_n)(x - x_{n-1})(x - x_{n-2})(x - x_{n-3})\mathrm{d}x$$

$$= \frac{251}{720} h^5 F^{(4)}(\eta) = \frac{251}{720} h^5 y^{(5)}(\eta). \tag{7.45}$$

若在式(7.41)中仍取 $r=0$,但选择等距节点 $x_{n+1}, x_n, x_{n-1}, x_{n-2}$作为插值节点,作函数 $F(x)$的三次插值多项式,仿照上面的做法,可以得到线性三步 **Adams 隐式公式**及其局部截断误差

$$y_{n+1} = y_n + \frac{h}{24}(9f_{n+1} + 19f_n - 5f_{n-1} + f_{n-2}), \tag{7.46}$$

$$R_{n+1} = -\frac{19}{720} h^5 y^{(5)}(\eta). \tag{7.47}$$

用迭代法求解 Adams 隐式公式时可由 Adams 显式公式提供初始值,即

$$\begin{cases} y_{n+1}^{(0)} = y_n + \dfrac{h}{24}(55f_n - 59f_{n-1} + 37f_{n-2} - 9f_{n-3}), \\ y_{n+1}^{(s+1)} = y_n + \dfrac{h}{24}[9f(x_{n+1}, y_{n+1}^{(s)}) + 19f_n - 5f_{n-1} + f_{n-2}] \quad (s = 0,1,2,\cdots). \end{cases} \tag{7.48}$$

可以证明,当$\frac{3}{8}hL<1$ 时,非线性方程求解的迭代公式(7.48)收敛.若式(7.48)中的第二式只迭代一次,则得到 **Adams 预估校正公式**

$$
\begin{cases}
y_{n+1}^{(0)} = y_n + \dfrac{h}{24}(55f_n - 59f_{n-1} + 37f_{n-2} - 9f_{n-3}), \\
y_{n+1} = y_n + \dfrac{h}{24}[9f(x_{n+1}, y_{n+1}^{(0)}) + 19f_n - 5f_{n-1} + f_{n-2}].
\end{cases}
\tag{7.49}
$$

无论四步 Adams 显式公式还是三步 Adams 隐式公式，均为四阶方法.类似地，还可以采用数值积分方法得到其他线性多步法公式.

二、基于 Taylor 级数展开的构造方法

重点精讲

7.6 线性多步法的 Taylor 展开法构造

基于 Taylor 级数展开的构造方法，是应用局部截断误差的定义，将 $y(x_{n-i})$ 和 $y'(x_{n-i})(i=-1,0,\cdots,r-1)$ 在 x_n 处进行 Taylor 展开，便得到局部截断误差按 h 的升幂排列的表达式，将其与 $y(x_{n+1})$ 的 Taylor 级数展开式相比较，从而确定相应的系数 α_i,β_i. 下面以线性两步方法的构造为例来说明这种构造方法.

考察如下的线性两步方法

$$
y_{n+1} = \alpha_0 y_n + \alpha_1 y_{n-1} + h(\beta_{-1} f_{n+1} + \beta_0 f_n + \beta_1 f_{n-1}).
\tag{7.50}
$$

利用线性多步法局部截断误差的定义，有

$$
\begin{aligned}
R_{n+1} = {} & y(x_{n+1}) - \alpha_0 y(x_n) - \alpha_1 y(x_{n-1}) - h\beta_{-1} f(x_{n+1}, y(x_{n+1})) - \\
& h\beta_0 f(x_n, y(x_n)) - h\beta_1 f(x_{n-1}, y(x_{n-1})) \\
= {} & y(x_{n+1}) - \alpha_0 y(x_n) - \alpha_1 y(x_{n-1}) - h\beta_{-1} y'(x_{n+1}) - h\beta_0 y'(x_n) - h\beta_1 y'(x_{n-1}),
\end{aligned}
$$

将上式在 x_n 处作 Taylor 展开，并按 h 的升幂整理排列，得到

$$
\begin{aligned}
R_{n+1} = {} & (1 - \alpha_0 - \alpha_1) y(x_n) + (1 + \alpha_1 - \beta_{-1} - \beta_0 - \beta_1) h y'(x_n) + \\
& \left(\frac{1}{2} - \frac{1}{2}\alpha_1 - \beta_{-1} + \beta_1\right) h^2 y''(x_n) + \\
& \left(\frac{1}{6} + \frac{1}{6}\alpha_1 - \frac{1}{2}\beta_{-1} - \frac{1}{2}\beta_1\right) h^3 y'''(x_n) + \\
& \left(\frac{1}{24} - \frac{1}{24}\alpha_1 - \frac{1}{6}\beta_{-1} + \frac{1}{6}\beta_1\right) h^4 y^{(4)}(x_n) + \\
& \left(\frac{1}{120} + \frac{1}{120}\alpha_1 - \frac{1}{24}\beta_{-1} - \frac{1}{24}\beta_1\right) h^5 y^{(5)}(x_n) + \cdots.
\end{aligned}
\tag{7.51}
$$

令

$$
\begin{cases}
\alpha_0 + \alpha_1 = 1, \\
-\alpha_1 + \beta_{-1} + \beta_0 + \beta_1 = 1, \\
\dfrac{1}{2}\alpha_1 + \beta_{-1} - \beta_1 = \dfrac{1}{2}, \\
-\dfrac{1}{6}\alpha_1 + \dfrac{1}{2}\beta_{-1} + \dfrac{1}{2}\beta_1 = \dfrac{1}{6}, \\
\dfrac{1}{24}\alpha_1 + \dfrac{1}{6}\beta_{-1} - \dfrac{1}{6}\beta_1 = \dfrac{1}{24},
\end{cases}
\tag{7.52}
$$

求解上述方程组，得出 $\alpha_0,\alpha_1,\beta_{-1},\beta_0,\beta_1$，所得公式的局部截断误差至少为 $O(h^5)$.上述方程组的解为 $\alpha_0=0,\alpha_1=1,\beta_{-1}=\beta_1=\dfrac{1}{3},\beta_0=\dfrac{4}{3}$，从而得到一个线性两步隐式公式

$$
y_{n+1} = y_{n-1} + \frac{h}{3}(f_{n+1} + 4f_n + f_{n-1}), \tag{7.53}
$$

其局部截断误差为

$$
R_{n+1} = -\frac{1}{90}h^5 y^{(5)}(x_n) + O(h^6), \tag{7.54}
$$

式(7.53)称为 **Simpson 公式**.该公式为四阶方法，它也可以由数值积分方法得到.

也可以只要求式(7.52)的前面几个方程成立，例如，要求前面四个方程成立时，所得公式的局部截断误差至少为 $O(h^4)$.由于此时方程个数少于未知量个数，故此种情形下方程组有无穷多组解.此时方程组的解可以写成

$$
\alpha_1 = 1-\alpha_0,\quad \beta_{-1} = \frac{1}{3}+\frac{1}{12}\alpha_0,\quad \beta_0 = \frac{4}{3}-\frac{2}{3}\alpha_0,\quad \beta_1 = \frac{1}{3}-\frac{5}{12}\alpha_0. \tag{7.55}
$$

若取 $\alpha_0=-4$，则 $\alpha_1=5,\beta_{-1}=0,\beta_0=4,\beta_1=2$，从而得到一个线性两步显式公式

$$
y_{n+1} = -4y_n + 5y_{n-1} + 2h(2f_n + f_{n-1}), \tag{7.56}
$$

其局部截断误差为

$$
R_{n+1} = -\frac{1}{6}h^4 y^{(4)}(x_n) + O(h^5). \tag{7.57}
$$

需要指出的是，式(7.56)不能用数值积分方法得到.

用上述过程也可以构造出其他的线性多步方法，如前述的 Adams 公式等.与基于数值积分的构造方法相比，这种方法更加灵活，可以导出基于数值积分的构造方法得不到的公式.

三、出发值的计算

应用线性多步法求解初值问题时,初始几个点处的函数值要用单步方法首先计算.这时,一般应该选用与多步法同阶的单步法,如 Runge-Kutta 方法、Taylor 方法等.

例 7.5 取 $h=0.1$,用四阶 Adams 显式公式与 Adams 预估校正公式求解初值问题

$$\begin{cases} y' = y - \dfrac{2x}{y}, \quad 0 < x \leqslant 1, \\ y(0) = 1. \end{cases}$$

解 将 $f(x,y)=y-\dfrac{2x}{y}$ 代入式(7.44)和式(7.49)进行计算,并采用经典的四阶 Runge-Kutta 公式计算初始值,结果见表 7.6.

表 7.6 四阶 Adams 显式公式与 Adams 预估校正公式的计算结果

x_n	显式公式 y_n	$\lvert y(x_n)-y_n \rvert$	预估校正公式 y_n	$\lvert y(x_n)-y_n \rvert$
0.1	1.095 445 5	0.416 682 8E−06	1.095 445 5	0.416 682 8E−06
0.2	1.183 216 7	0.788 886 1E−06	1.183 216 7	0.788 886 1E−06
0.3	1.264 912 2	0.116 427 3E−05	1.264 912 2	0.116 427 3E−05
0.4	1.341 551 8	0.890 274 6E−04	1.341 641 4	0.570 693 3E−06
0.5	1.414 046 4	0.167 140 9E−03	1.414 213 8	0.271 092 4E−06
0.6	1.483 018 9	0.220 787 7E−03	1.483 239 8	0.126 825 8E−06
0.7	1.548 918 9	0.274 464 5E−03	1.549 193 4	0.420 033 4E−07
0.8	1.612 116 4	0.335 120 9E−03	1.612 451 5	0.131 853 2E−07
0.9	1.672 917 0	0.403 019 6E−03	1.673 320 0	0.537 137 5E−07
1.0	1.731 569 8	0.481 055 0E−03	1.732 050 7	0.876 943 2E−07

通过与例 7.3 的结果比较可以看出,对本例而言,四阶 Runge-Kutta 公式得到的计算结果基本具有 6 位有效数字,四阶 Adams 显式公式的计算结果具有 4 位有效数字,而 Adams 预估校正公式由于稳定性较好,计算结果基本具有 7 位有效数字,比由 Adams 显式公式和四阶 Runge-Kutta 公式得到的计算结果要更准确一些.

知识结构图

- 常微分方程初值问题的数值解法
  - 单步法
    - 重要概念
      - 局部截断误差
      - 收敛阶
      - 稳定性
    - 构造方法
      - 数值微分法
      - 数值积分法
      - Taylor 展开法
    - 主要公式
      - Euler 公式(包括改进的 Euler 公式)
      - 梯形公式
      - Runge-Kutta 公式
  - 线性多步法
    - 基本概念
    - 构造方法
      - 数值积分法
      - Taylor 展开法

习题七

1. 取步长 $h=0.1,\varepsilon=10^{-7}$,用显式与隐式 Euler 公式求初值问题

$$\begin{cases} y' = x + y, \quad 0 < x \leqslant 0.4, \\ y(0) = 1 \end{cases}$$

的数值解,并与精确解 $y=-1-x+2e^{x}$ 进行比较.

2. 用梯形公式与 Euler 梯形预估校正公式求解第 1 题中的初值问题,并与精确解进行比较.

3. 试证明梯形公式

$$y_{n+1} = y_n + \frac{h}{2}[f(x_n,y_n) + f(x_{n+1},y_{n+1})]$$

是二阶方法,并给出主局部截断误差.

4. 证明对任意参数 t,Runge-Kutta 公式

$$\begin{cases} y_{n+1} = y_n + \dfrac{h}{2}(K_2 + K_3), \\ K_1 = f(x_n,y_n), \\ K_2 = f(x_n + th, y_n + thK_1), \\ K_3 = f(x_n + (1-t)h, y_n + (1-t)hK_1) \end{cases}$$

是二阶方法.

5. 分别取步长 $h=0.1$ 和 $h=0.2$,用四级四阶经典 Runge-Kutta 公式求解第 1 题中的初值问题,并将结果进行比较.

6. 对于初值问题

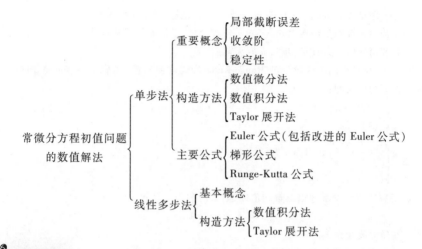

$$\begin{cases} y' = -100(y-x^2)+2x, & x>0, \\ y(0)=1. \end{cases}$$

(1) 若用显式 Euler 公式求解，步长 h 取什么范围，才能使计算稳定？

(2) 若用四级四阶经典 Runge-Kutta 公式计算，步长 h 如何选取？

(3) 若用梯形公式计算，步长 h 有无限制？

7. 取 $h=0.1$，用四级四阶经典 Runge-Kutta 公式求初始值，然后用 Adams 预估校正公式求解以下初值问题：

(1) $\begin{cases} y'=2x-y, & 1<x\leqslant 1.5, \\ y(1)=3; \end{cases}$

(2) $\begin{cases} y'+\dfrac{1}{x}y=\dfrac{1}{x^2}, & 1<x\leqslant 1.5, \\ y(1)=1. \end{cases}$

8. 用数值积分方法导出求解初值问题(7.1)的中点公式

$$y_{n+1}=y_{n-1}+2hf(x_n,y_n),$$

并推导其局部截断误差.

9. 试确定求初值问题(7.1)数值解的如下格式

$$y_{n+2}=ay_n+by_{n+1}+h(cf_{n+1}+df_{n+2})$$

中的参数 a,b,c,d，使该格式的阶数最高，并给出主局部截断误差.

10. 试证明求解初值问题(7.1)的线性两步法

$$y_{n+2}+(b-1)y_{n+1}-by_n=\frac{h}{4}[(b+3)f_{n+2}+(3b+1)f_n]$$

当 $b\neq -1$ 时，为二阶方法；当 $b=-1$ 时，为三阶方法.

11. 分别用数值积分法和 Taylor 展开法建立求解初值问题(7.1)的如下数值格式

$$y_{n+1}=y_n+\frac{h}{2}(3f_n-f_{n-1}),$$

并要求给出局部截断误差，指出收敛阶.

12.（数值实验）用显式与隐式 Euler 公式求解常微分方程初值问题

$$\begin{cases} y'=-50y, & 0<x\leqslant 10, \\ y(0)=1, \end{cases}$$

分别取 $h=0.1,0.05,0.02,0.01,0.001,0.000\,1,\cdots$，画出 h 取不同值时解的曲线，并分析计算结果（微分方程的解析解为 $y=\mathrm{e}^{-50x}$）.

13.（数值实验）取步长 $h=0.1$，用四级四阶经典 Runge-Kutta 公式与 Adams 预估校正公式求初值问题

$$\begin{cases} u'=1-\dfrac{2tu}{1+t^2}, & 0<t\leqslant 2, \\ u(0)=0 \end{cases}$$

的数值解，并通过列表与画图将计算结果与精确解 $u(t)=\dfrac{t(3+t^2)}{3(1+t^2)}$ 进行比较.

第八章 矩阵特征值和特征向量的计算

在科学技术的应用领域中，一些问题可以归结为求解矩阵特征值和特征向量问题.如动力学系统和结构系统中振动问题的求解，系统频率与振型以及物理学中某些临界值的确定等.本章主要介绍两类最常见矩阵特征值问题的数值解法.

§8.1 引言

设 $\boldsymbol{A}$ 为 n 阶实矩阵，若有 n 维非零向量 $\boldsymbol{x}$ 及数 λ 使

$$\boldsymbol{A}\boldsymbol{x} = \lambda\boldsymbol{x},$$

则称 λ 为 $\boldsymbol{A}$ 的特征值，$\boldsymbol{x}$ 为矩阵 $\boldsymbol{A}$ 的相应于 λ 的特征向量.因此，求解矩阵特征问题包括两个方面：

（1）求特征值 λ，即求如下 n 次代数方程的根：

$$\varphi(\lambda) = \det(\boldsymbol{A} - \lambda\boldsymbol{I}) = 0,$$

称 $\varphi(\lambda)$ 为 $\boldsymbol{A}$ 的特征多项式，上式是关于 λ 的 n 次代数方程.

（2）求特征向量 $\boldsymbol{x} \in \mathbf{R}^n(\boldsymbol{x} \neq \boldsymbol{0})$，使其满足齐次方程组

$$(\boldsymbol{A} - \lambda\boldsymbol{I})\boldsymbol{x} = \boldsymbol{0}.$$

线性代数理论中是通过求特征多项式 $\det(\boldsymbol{A}-\lambda\boldsymbol{I}) = 0$ 的零点得到特征值 λ，然后通过求解退化的方程组 $(\boldsymbol{A}-\lambda\boldsymbol{I})\boldsymbol{x} = \boldsymbol{0}$ 得到特征向量 $\boldsymbol{x}$.当矩阵阶数较高时，这种方法计算量极大，故常用数值方法来近似计算特征值与特征向量.计算矩阵

特征值与特征向量的常规数值方法有迭代法（乘幂法等）和变换法（Jacobi 方法等）两类.

重点精讲

8.1 乘幂法

§ 8.2　乘幂法与反幂法

一、乘幂法

乘幂法是求矩阵按模最大的特征值（**主特征值**）和相应特征向量的一种迭代法.

对于 $\boldsymbol{A}\in\mathbf{R}^{n\times n}$，取初始向量 $\boldsymbol{V}^{(0)}\in\mathbf{R}^{n}(\boldsymbol{V}^{(0)}\neq\mathbf{0})$，令

$$\boldsymbol{V}^{(k)}=\boldsymbol{A}\boldsymbol{V}^{(k-1)},\tag{8.1}$$

由递推公式(8.1)，生成向量序列 $\{\boldsymbol{V}^{(k)}\}_{k=0}^{+\infty}$，即

$$\boldsymbol{V}^{(k)}=\boldsymbol{A}\boldsymbol{V}^{(k-1)}=\boldsymbol{A}(\boldsymbol{A}\boldsymbol{V}^{(k-2)})=\boldsymbol{A}^{2}\boldsymbol{V}^{(k-2)}=\cdots=\boldsymbol{A}^{k}\boldsymbol{V}^{(0)}.\tag{8.2}$$

这表明 $\boldsymbol{V}^{(k)}$ 等于用矩阵 $\boldsymbol{A}$ 的 k 次幂左乘 $\boldsymbol{V}^{(0)}$，故称此方法为**乘幂法**.

下面分析当 $k\to+\infty$ 时，向量序列 $\{\boldsymbol{V}^{(k)}\}_{k=0}^{+\infty}$ 的变化规律.

设 $\lambda_1,\lambda_2,\cdots,\lambda_n$ 为矩阵 $\boldsymbol{A}\in\mathbf{R}^{n\times n}$ 的 n 个特征值，且满足

$$|\lambda_1|\geqslant|\lambda_2|\geqslant\cdots\geqslant|\lambda_n|,\tag{8.3}$$

相应于特征值 $\lambda_1,\lambda_2,\cdots,\lambda_n$ 的 n 个线性无关的特征向量 $\boldsymbol{x}_1,\boldsymbol{x}_2,\cdots,\boldsymbol{x}_n$ 构成向量空间 $\mathbf{R}^{n}$ 上的一组基.

任取非零的初始向量 $\boldsymbol{V}^{(0)}\in\mathbf{R}^{n}$，则 $\boldsymbol{V}^{(0)}$ 可由这组特征向量线性表出：

$$\boldsymbol{V}^{(0)}=c_1\boldsymbol{x}_1+c_2\boldsymbol{x}_2+\cdots+c_n\boldsymbol{x}_n=\sum_{j=1}^{n}c_j\boldsymbol{x}_j,\tag{8.4}$$

其中 $c_1,c_2,\cdots,c_n$ 为线性组合系数.将式(8.4)代入式(8.2)，得

$$\boldsymbol{V}^{(k)}=\boldsymbol{A}^{k}\sum_{j=1}^{n}c_j\boldsymbol{x}_j=\sum_{j=1}^{n}c_j(\boldsymbol{A}^{k}\boldsymbol{x}_j).\tag{8.5}$$

由 $\boldsymbol{A}^{k}\boldsymbol{x}_j=\lambda_j^{k}\boldsymbol{x}_j$ 和式(8.5)，得

$$\boldsymbol{V}^{(k)}=\sum_{j=1}^{n}c_j\lambda_j^{k}\boldsymbol{x}_j.\tag{8.6}$$

如果 $\boldsymbol{A}$ 的特征值满足 $|\lambda_1|>|\lambda_2|\geqslant\cdots\geqslant|\lambda_n|$，由式(8.6)有

$$\boldsymbol{V}^{(k)}=\lambda_1^{k}\left[c_1\boldsymbol{x}_1+\sum_{j=2}^{n}c_j\left(\frac{\lambda_j}{\lambda_1}\right)^{k}\boldsymbol{x}_j\right].$$

由于 $\left|\frac{\lambda_j}{\lambda_1}\right|<1(j=2,3,\cdots,n)$，故若 $c_1\neq0$，当 k 充分大时，$\boldsymbol{\varepsilon}_k=\sum\limits_{j=2}^{n}c_j\left(\frac{\lambda_j}{\lambda_i}\right)^{k}\boldsymbol{x}_j\approx\mathbf{0}$，

此时有

$$\boldsymbol{V}^{(k)} \approx \lambda_1^k c_1 \boldsymbol{x}_1. \tag{8.7}$$

上式表明，$\boldsymbol{V}^{(k)}$ 与 $\boldsymbol{x}_1$ 只近似相差一个常数因子，故可取 $\boldsymbol{V}^{(k)}$ 作为矩阵 $\boldsymbol{A}$ 的相应于主特征值 λ_1 的近似特征向量.当 k 充分大时，若 $V_i^{(k)} \neq 0$，则有

$$\frac{V_i^{(k+1)}}{V_i^{(k)}} \approx \frac{\lambda_1^{k+1}(c_1\boldsymbol{x}_1)_i}{\lambda_1^k(c_1\boldsymbol{x}_1)_i} = \lambda_1. \tag{8.8}$$

这表明主特征值 λ_1 可由式(8.8)的左端近似求得.

若矩阵 $\boldsymbol{A}$ 的特征值满足

$$\lambda_1 = \lambda_2 = \cdots = \lambda_l, \quad |\lambda_1| > |\lambda_{l+1}| \geqslant \cdots \geqslant |\lambda_n|,$$

则根据式(8.6)有

$$\boldsymbol{V}^{(k)} = \lambda_1^k \left[\sum_{j=1}^{l} c_j \boldsymbol{x}_j + \sum_{j=l+1}^{n} c_j \left(\frac{\lambda_j}{\lambda_1} \right)^k \boldsymbol{x}_j \right]. \tag{8.9}$$

当 k 充分大时，由于 $\left|\dfrac{\lambda_j}{\lambda_1}\right| < 1\,(j=l+1,\cdots,n)$，故有

$$\boldsymbol{V}^{(k)} \approx \lambda_1^k \sum_{j=1}^{l} c_j \boldsymbol{x}_j. \tag{8.10}$$

由于 $\boldsymbol{x}_1,\boldsymbol{x}_2,\cdots,\boldsymbol{x}_l$ 都是矩阵 $\boldsymbol{A}$ 的特征值 λ_1 对应的特征向量，故 $\sum\limits_{j=1}^{l} c_j \boldsymbol{x}_j \neq \boldsymbol{0}$ 时也是矩阵 $\boldsymbol{A}$ 的特征值 λ_1 对应的特征向量.由式(8.10)知，k 较大时，$\boldsymbol{V}^{(k)}$ 就是与主特征值 λ_1 对应的近似特征向量.类似于式(8.8)，可求得主特征值的近似值.由于此时 λ_1 的特征向量子空间不是一维的，故由式(8.10)得到的近似特征向量只是该子空间中的一个特征向量，对于不同的初始向量 $\boldsymbol{V}^{(0)}$ 可能得到与 λ_1 对应的线性无关特征向量的近似.

对于矩阵 $\boldsymbol{A}$ 的其他主特征值情形，如 $\lambda_1 = -\lambda_2, \lambda_1 = \overline{\lambda}_2$ 等，同样可以用乘幂法求解，具体过程可参阅文献[6].

以上讨论说明了乘幂法的基本原理.通过上述对乘幂法计算过程的分析可知，乘幂法是一种迭代法，公式计算简单，便于在计算机上实践，可以方便地用于近似求矩阵按模最大的一个(或几个)特征值及相应的特征向量.需要注意的是：

(1) 从理论上讲，对于任意给定的初始向量 $\boldsymbol{V}^{(0)}$，有可能使式(8.4)中的 $c_1=0$，但因舍入误差的存在，随着迭代过程的进行，等效于从 $c_1 \neq 0$ 的 $\boldsymbol{V}^{(0)}$ 出发进行迭代.

(2) 在用乘幂法(8.1)进行迭代计算时，可能会出现迭代向量 $\boldsymbol{V}^{(k)}$ 的分量的绝对值非常大(当 $|\lambda_1|>1$)或者非常小(当 $|\lambda_1|<1$)的现象，甚至出现溢出.为此，实际应用中每进行 m 步乘幂迭代就需要对迭代向量 $\boldsymbol{V}^{(k)}$ 进行一次规范化，

即用 $\widetilde{\boldsymbol{V}}^{(k)}=\dfrac{\boldsymbol{V}^{(k)}}{\max\boldsymbol{V}^{(k)}}$（其中 $\max\boldsymbol{V}^{(k)}$ 表示向量 $\boldsymbol{V}^{(k)}$ 的按模最大的分量）代替 $\boldsymbol{V}^{(k)}$ 继续迭代.由于特征向量允许相差一个常数因子，故按前面乘幂法的理论依然能够得到正确的近似特征向量，这种规范化并不影响主特征值的近似计算.规范化的乘幂法避免了溢出的可能性，至于 m 取多少，取决于实际情形，如可以取 $m=5$ 或 $m=1$ 等.

下面给出乘幂法的具体算法.

算法 8.1　乘幂法

输入：矩阵 $\boldsymbol{A}$、误差限 ε、任意初始向量 $\boldsymbol{V}^{(0)}\in\mathbf{R}^n(\boldsymbol{V}^{(0)}\neq\boldsymbol{0})$、$m$.

输出：主特征值的近似值 λ_1 及相应的近似特征向量 $\boldsymbol{x}_1$.

Step 1：置 $k=1$，利用式(8.1)求 $\boldsymbol{V}^{(1)}$，并由式(8.8)求 $\lambda_1^{(1)}$；

Step 2：利用式(8.1)求 $\boldsymbol{V}^{(k+1)}$，并利用式(8.8)求 $\lambda_1^{(k+1)}$；

Step 3：判断 $|\lambda_1^{(k+1)}-\lambda_1^{(k)}|<\varepsilon$ 是否满足. 若满足，则取 $\lambda_1\approx\lambda_1^{(k+1)}$，$\boldsymbol{x}_1\approx\boldsymbol{V}^{(k+1)}$，结束；否则，转向 Step 4；

Step 4：置 $k=k+1$，判断 $\mathrm{mod}(k,m)=0$ 是否满足. 若满足，取 $\boldsymbol{V}^{(k)}=\dfrac{\boldsymbol{V}^{(k)}}{\max\boldsymbol{V}^{(k)}}$，转向 Step 2.

注记　在实际计算时，还应注意通过向量序列 $\{\boldsymbol{V}^{(k)}\}_{k=0}^{+\infty}$ 的特征来判别特征值分布属于哪种类型，从而采用不同的处理方法，具体过程可参阅文献[6,20].

例 8.1　用乘幂法计算矩阵

$$\boldsymbol{A}=\begin{pmatrix}-12 & 3 & 3\\ 3 & 1 & -2\\ 3 & -2 & 7\end{pmatrix}$$

的主特征值及相应特征向量的近似值，要求 $|\lambda_1^{(k+1)}-\lambda_1^{(k)}|\leqslant 10^{-7}$.

解　取初始向量 $\boldsymbol{V}^{(0)}=(1,1,1)^{\mathrm{T}}$，用乘幂法公式进行计算，且取 $\lambda_1^{(k)}=\dfrac{V_1^{(k)}}{\widetilde{V}_1^{(k-1)}}$，每迭代一步进行一次规范化，计算结果见表 8.1.

表 8.1　乘幂法的计算结果

k	$(\boldsymbol{V}^{(k)})^{\mathrm{T}}$	$(\widetilde{\boldsymbol{V}}^{(k)})^{\mathrm{T}}$	$\lambda_1^{(k)}$
0	(1.000 000 0,1.000 000 0,1.000 000 0)	(1.000 000 0,1.000 000 0,1.000 000 0)	
1	(-6.000 000 0,2.000 000 0,8.000 000 0)	(-0.750 000 0,0.250 000 0,1.000 000 0)	-6.000 000 0
2	(12.750 000 0,-4.000 000 0,4.250 000 0)	(1.000 000 0,-0.313 725 5,0.333 333 3)	-17.000 000 0

续表

k	$(\boldsymbol{V}^{(k)})^{\mathrm{T}}$	$(\tilde{\boldsymbol{V}}^{(k)})^{\mathrm{T}}$	$\lambda_1^{(k)}$
3	(-11.941 176 5,2.019 607 8,5.960 784 3)	(1.000 000 0,-0.169 129 7,-0.499 179 0)	-11.941 176 5
4	(-14.004 926 1,3.829 228 2,-0.155 993 4)	(1.000 000 0,-0.273 420 1,0.011 138 5)	-14.004 926 1
5	(-12.786 844 9,2.704 303 0,3.624 809 5)	(1.000 000 0,-0.211 491 0,-0.283 479 6)	-12.786 844 9
⋮	⋮	⋮	⋮
36	(-13.220 180 0,3.108 136 9,2.268 862 7)	(1.000 000 0,-0.235 105 5,-0.171 621 2)	-13.220 180 0
37	(-13.220 180 0,3.108 136 9,2.268 862 8)	(1.000 000 0,-0.235 105 5,-0.171 621 2)	-13.220 180 0

取-13.220 180 0 作为主特征值 λ_1 的近似值,相应于 λ_1 的特征向量的近似值取为(1.000 000 0, -0.235 105 5, -0.171 621 2)^{T}.

二、原点平移法

如上面讨论的两种情形,乘幂法的收敛速度取决于 $r=\left|\frac{\lambda_2}{\lambda_1}\right|<1$ 或 $r=\left|\frac{\lambda_{l+1}}{\lambda_1}\right|<1$ 的程度,$r\ll 1$ 时收敛速度较快,$r\approx 1$ 时收敛速度较慢.对收敛较慢的乘幂法,可以采用原点平移法加快其收敛速度.

设矩阵 $\boldsymbol{B}=\boldsymbol{A}-p\boldsymbol{I}$,这里 p 是可以选取的参数.当 $\boldsymbol{A}$ 有特征值 λ_i 及相应特征向量 $\boldsymbol{x}_i$ 时,$\boldsymbol{B}$ 有特征值 $\mu_i=\lambda_i-p$ 及其对应的特征向量 $\boldsymbol{x}_i(i=1,2,\cdots,n)$.

若 $\boldsymbol{A}$ 的主特征值为 λ_1,则要选择适当的参数 p,使 λ_1-p 是 $\boldsymbol{B}$ 的主特征值,即 $|\lambda_1-p|>|\lambda_j-p|\ (j=2,3,\cdots,n)$,且 $\max\limits_{2\leqslant j\leqslant n}\left|\frac{\lambda_j-p}{\lambda_1-p}\right|<\left|\frac{\lambda_2}{\lambda_1}\right|$.

对矩阵 $\boldsymbol{B}$ 应用乘幂法,可以使得计算 $\boldsymbol{B}$ 的主特征值 $\mu_1=\lambda_1-p$ 的过程得到加速.这种方法通常称为**原点平移法**.参数 p 的选择依赖于对矩阵 $\boldsymbol{A}$ 的特征值分布的大致了解.通常可以用 Gerschgorin(盖尔)圆盘定理得到矩阵 $\boldsymbol{A}$ 的特征值分布情况.

定理 8.1(Gerschgorin 圆盘定理)[19] 设 $\boldsymbol{A}$ 为 n 阶实矩阵,则

(1) $\boldsymbol{A}$ 的每一个特征值必定属于下述 n 个闭圆盘(称为 Gerschgorin 圆)

$$|\lambda-a_{ii}|\leqslant r_i=\sum_{j=1,j\neq i}^{n}|a_{ij}|\quad(i=1,2,\cdots,n)\tag{8.11}$$

的并集;

(2) 在矩阵 $\boldsymbol{A}$ 的所有 Gerschgorin 圆组成的连通部分中任取一个,若它是由 k 个 Gerschgorin 圆构成,则在这个连通部分中有且仅有 $\boldsymbol{A}$ 的 k 个特征值(Ger-

schgorin 圆相重时重复计数,特征值相同时也重复计算).

求得矩阵 $\boldsymbol{B}$ 的主特征值 $\mu_1=\lambda_1-p$ 的近似值 $\mu_1^{(k)}$ 后,可得矩阵 $\boldsymbol{A}$ 的主特征值的近似值 $\lambda_1=\mu_1^{(k)}+p$,同时得到对应的特征向量 $\boldsymbol{x}_1$ 的近似.

例 8.2 对例 8.1 的矩阵 $\boldsymbol{A}$,取 $p=4.6$,用原点平移法求其主特征值及相应的特征向量的近似值.

解 对 $\boldsymbol{B}=\boldsymbol{A}-p\boldsymbol{I}=\boldsymbol{A}-4.6\boldsymbol{I}$ 应用乘幂法算法 8.1,每迭代一步进行一次规范化,计算结果见表 8.2.

表 8.2 原点平移法的计算结果

k	$(\boldsymbol{V}^{(k)})^{\mathrm{T}}$	$(\tilde{\boldsymbol{V}}^{(k)})^{\mathrm{T}}$	$\mu_1^{(k)}$
0	(1.000 000 0,1.000 000 0,1.000 000 0)	(1.000 000 0,1.000 000 0,1.000 000 0)	
1	(−10.600 000 0,−2.600 000 0,3.400 000 0)	(1.000 000 0,0.245 283 0,−0.320 754 7)	−10.600 000 0
2	(−16.826 416 0,2.758 490 6,1.739 622 7)	(1.000 000 0,−0.163 928 1,−0.103 386 4)	−16.826 416 0
3	(−17.401 973 7,3.796 949 9,3.079 748 6)	(1.000 000 0,−0.218 190 8,−0.176 977 0)	−17.401 973 7
⋮	⋮	⋮	⋮
11	(−17.820 180 9,4.189 621 9,3.058 320 0)	(1.000 000 0,−0.235 105 5,−0.171 621 2)	−17.820 180 9
12	(−17.820 180 9,4.189 621 6,3.058 320 3)	(1.000 000 0,−0.235 105 5,−0.171 621 7)	−17.820 180 9

由表 8.2 可知,$\boldsymbol{A}$ 的主特征值 $\lambda_1\approx -17.820\ 180\ 9+4.6= -13.220\ 180\ 9$,相应的特征向量的近似值取为$(1.000\ 000\ 0,\ -0.235\ 105\ 5,\ -0.171\ 621\ 7)^{\mathrm{T}}$.

事实上,如果对于矩阵的特征值能够分离得很清楚,可以利用原点平移法求得矩阵的所有特征值及其相应的特征向量的近似值.但需要说明的是,虽然常常能够选择合适的 p 值使乘幂法得到加速,但设计一个自动选择适当参数的过程非常困难.原点平移法的价值不在于直接使用它使迭代过程加速,而在于把原点平移法与其他方法(如反幂法等)结合使用以获得更好的效果.

三、反幂法

重点精讲

8.2 反幂法

反幂法又称**逆幂法**,它是近似求矩阵 $\boldsymbol{A}$ 按模最小的特征值及其相应特征向量的一种方法.设 $\boldsymbol{A}\in\mathbf{R}^{n\times n}$,且无零特征值,若 λ 为矩阵 $\boldsymbol{A}$ 的特征值,则$\dfrac{1}{\lambda}$必为矩阵 $\boldsymbol{A}^{-1}$的特征值,且 $\boldsymbol{A}$ 与 $\boldsymbol{A}^{-1}$具有相同的特征向量.

若 $\boldsymbol{A}$ 的 n 个特征值 $\lambda_i(i=1,2,\cdots,n)$ 满足

$$|\lambda_1| \geqslant |\lambda_2| \geqslant \cdots \geqslant |\lambda_{n-1}| > |\lambda_n| > 0,$$

则 $\boldsymbol{A}^{-1}$ 的 n 个特征值 $\dfrac{1}{\lambda_i}(i=1,2,\cdots,n)$ 满足

$$\left|\frac{1}{\lambda_n}\right| > \left|\frac{1}{\lambda_{n-1}}\right| \geqslant \cdots \geqslant \left|\frac{1}{\lambda_1}\right|.$$

因此,若用 $\boldsymbol{A}^{-1}$ 作为乘幂矩阵,由乘幂迭代格式

$$\boldsymbol{V}^{(k+1)} = \boldsymbol{A}^{-1}\boldsymbol{V}^{(k)} \tag{8.12}$$

便可求出 $\boldsymbol{A}^{-1}$ 按模最大的特征值 $\dfrac{1}{\lambda_n}$ 的近似值,进而得到矩阵 $\boldsymbol{A}$ 按模最小的特征值.因此,对任取非零初始向量 $\boldsymbol{V}^{(0)} \in \mathbf{R}^n$,称式(8.12)为求矩阵 $\boldsymbol{A}$ 按模最小特征值的**反幂法**.

在应用式(8.12)计算时,高效的算法并不是先计算 $\boldsymbol{A}$ 的逆矩阵 $\boldsymbol{A}^{-1}$,而是通过求解如下线性方程组得到 $\boldsymbol{V}^{(k+1)}$:

$$\boldsymbol{A}\boldsymbol{V}^{(k+1)} = \boldsymbol{V}^{(k)}. \tag{8.13}$$

由于在迭代过程中求解的线性方程组(8.13)的系数矩阵 $\boldsymbol{A}$ 不变,故当矩阵的三角分解 $\boldsymbol{A}=\boldsymbol{LU}$ 存在时,可通过求解两个三角形方程组

$$\begin{cases} \boldsymbol{L}\boldsymbol{y} = \boldsymbol{V}^{(k)}, \\ \boldsymbol{U}\boldsymbol{V}^{(k+1)} = \boldsymbol{y} \end{cases} \tag{8.14}$$

得到向量 $\boldsymbol{V}^{(k+1)}$.

下面给出反幂法的具体算法.

算法 8.2　反幂法

输入:矩阵 $\boldsymbol{A}$、误差限 ε、任意初始向量 $\boldsymbol{V}^{(0)} \in \mathbf{R}^n(\boldsymbol{V}^{(0)} \neq \boldsymbol{0})$.

输出:按模最小的特征值的近似值 λ_n 及相应的近似特征向量 $\boldsymbol{x}_n$.

Step 1:利用式(3.24)及式(3.25)计算矩阵 $\boldsymbol{A}$ 的三角分解 $\boldsymbol{A}=\boldsymbol{LU}$;

Step 2:利用式(8.14)求 $\boldsymbol{V}^{(1)}$,并由式(8.8)求 $\lambda_1^{(1)}$,置 $k=1$;

Step 3:利用式(8.14)求 $\boldsymbol{V}^{(k+1)}$,并利用式(8.8)求 $\lambda_1^{(k+1)}$;

Step 4:判断 $|\lambda_1^{(k+1)} - \lambda_1^{(k)}| < \varepsilon$ 是否满足? 若满足,则取 $\lambda_n \approx 1/\lambda_1^{(k+1)}$, $\boldsymbol{x}_n \approx \boldsymbol{V}^{(k+1)}$,结束;否则,置 $k=k+1$,转向 Step 3.

注记　在算法 8.2 中,也应类似于算法 8.1,进行某些迭代步计算后,进行一次规范化操作,同时注意通过向量序列 $\{\boldsymbol{V}^{(k)}\}_{k=0}^{+\infty}$ 的特征来判别特征值分布属于哪种类型.

根据以上算法,若 p 是 λ_i 的相对分离较好的近似值($p \neq \lambda_i$),可以结合原点平移法与反幂法来求得特征值 λ_i 的更为精确的近似值及与之对应的近似特征

向量.此时只需利用反幂法算法 8.2 求解 $\boldsymbol{B}=\boldsymbol{A}-p\boldsymbol{I}$ 的按摸最小的特征值及其相应的特征向量即可.

§8.3 Jacobi 方法

Jacobi 方法是近似求实对称矩阵全部特征值及相应特征向量的一种变换方法.其基本思想是将对称矩阵 $\boldsymbol{A}$ 经一系列正交相似变换约化为一个近似的对角矩阵,该对角矩阵的对角元就是 $\boldsymbol{A}$ 的近似特征值,由各个正交变换矩阵的乘积矩阵的各列可得对应的特征向量.在本节中,将用到下列线性代数知识:

(1) 若矩阵 $\boldsymbol{A}$ 与 $\boldsymbol{B}$ 相似,即存在可逆阵 $\boldsymbol{P}$ 使得 $\boldsymbol{B}=\boldsymbol{P}^{-1}\boldsymbol{A}\boldsymbol{P}$,则 $\boldsymbol{A}$ 与 $\boldsymbol{B}$ 具有完全相同的特征值.

(2) 若矩阵 $\boldsymbol{Q}$ 满足 $\boldsymbol{Q}\boldsymbol{Q}^{\mathrm{T}}=\boldsymbol{I}$,则称 $\boldsymbol{Q}$ 为正交矩阵.显然 $\boldsymbol{Q}^{\mathrm{T}}=\boldsymbol{Q}^{-1}$,且当 $\boldsymbol{Q}_1$, $\boldsymbol{Q}_2,\cdots,\boldsymbol{Q}_k$ 是正交矩阵时,其乘积 $\boldsymbol{Q}=\boldsymbol{Q}_1\boldsymbol{Q}_2\cdots\boldsymbol{Q}_k$ 仍为正交矩阵.

(3) 实对称矩阵的特征值均为实数.

(4) 对任何实对称矩阵 $\boldsymbol{A}$,总存在正交矩阵 $\boldsymbol{Q}$,使得 $\boldsymbol{Q}\boldsymbol{A}\boldsymbol{Q}^{\mathrm{T}}=\mathrm{diag}(\lambda_1,\lambda_2,\cdots,\lambda_n)$,其中 $\lambda_i(i=1,2,\cdots,n)$ 为 $\boldsymbol{A}$ 的特征值,$\boldsymbol{Q}^{\mathrm{T}}$ 的各列为相应的特征向量.

(5) 设 $\boldsymbol{A}$ 为实对称矩阵,$\boldsymbol{Q}$ 为正交矩阵,则

$$\|\boldsymbol{A}\|_{\mathrm{F}}^2=\|\boldsymbol{Q}\boldsymbol{A}\|_{\mathrm{F}}^2=\|\boldsymbol{A}\boldsymbol{Q}\|_{\mathrm{F}}^2=\|\boldsymbol{Q}\boldsymbol{A}\boldsymbol{Q}^{\mathrm{T}}\|_{\mathrm{F}}^2=\sum_{j=1}^{n}\lambda_j^2(\boldsymbol{A}).$$

(6) 称矩阵

$$\boldsymbol{R}(p,q,\theta)=\begin{pmatrix}1 & & & & & & & \\ & \ddots & & & & & & \\ & & 1 & & & & & \\ & & & \cos\theta & \cdots & \sin\theta & & \\ & & & \vdots & & \vdots & & \\ & & & -\sin\theta & \cdots & \cos\theta & & \\ & & & & & & 1 & \\ & & & & & & & \ddots \\ & & & & & & & & 1\end{pmatrix}\begin{matrix}\\ \\ \\ \text{第 } p \text{ 行}\\ \\ \text{第 } q \text{ 行}\\ \\ \\ \\ \end{matrix}$$

第 p 列　　第 q 列

为 n 阶的 **Givens 旋转矩阵**$(p<q)$,它是在单位矩阵 $\boldsymbol{I}$ 的第 p 行、第 q 行和第 p 列、第 q 列的四个交叉位置上分别置上 $\cos\theta,\sin\theta,-\sin\theta$ 和 $\cos\theta$ 而成的.容易验证旋转矩阵是正交矩阵,即 $\boldsymbol{R}^{\mathrm{T}}(p,q,\theta)=\boldsymbol{R}^{-1}(p,q,\theta)$,用它作相似变换时十分方便.Ja-

cobi 方法就是用这种旋转矩阵对实对称矩阵 $\boldsymbol{A}$ 作一系列的旋转相似变换，从而将 $\boldsymbol{A}$ 约化为近似对角矩阵.

一、Jacobi 方法

重点精讲

8.3 Jacobi 方法

首先考虑 $a_{12}=a_{21}\neq 0$ 的二阶实对称矩阵

$$\boldsymbol{A}=\begin{pmatrix} a_{11} & a_{12} \\ a_{21} & a_{22} \end{pmatrix}$$

的对角化.取二阶 Givens 矩阵

$$\boldsymbol{R}=\begin{pmatrix} \cos\theta & \sin\theta \\ -\sin\theta & \cos\theta \end{pmatrix}$$

对矩阵 $\boldsymbol{A}$ 作旋转变换，即

$$\boldsymbol{RAR}^{\mathrm{T}}=\boldsymbol{A}^{(1)}=(a_{ij}^{(1)})_{2\times 2},$$

其中

$$\begin{cases} a_{11}^{(1)}=a_{11}\cos^2\theta+a_{12}\sin 2\theta+a_{22}\sin^2\theta, \\ a_{22}^{(1)}=a_{11}\sin^2\theta-a_{12}\sin 2\theta+a_{22}\cos^2\theta, \\ a_{12}^{(1)}=a_{21}^{(1)}=(a_{22}-a_{11})\sin\theta\cos\theta+a_{12}(\cos^2\theta-\sin^2\theta). \end{cases} \tag{8.15}$$

由式(8.15)的最后一式知，要使 $\boldsymbol{A}$ 的相似矩阵 $\boldsymbol{A}^{(1)}$ 成为对角矩阵，只需适当选取 θ，使

$$a_{12}^{(1)}=a_{21}^{(1)}=\frac{a_{22}-a_{11}}{2}\sin 2\theta+a_{12}\cos 2\theta=0,$$

即 $a_{11}\neq a_{22}$ 时取

$$\tan 2\theta=\frac{2a_{12}}{a_{11}-a_{22}}\quad\left(|\theta|<\frac{\pi}{4}\right). \tag{8.16}$$

当 $a_{11}=a_{22}$ 时，取 $\theta=\dfrac{\pi}{4}$.确定 θ 后，旋转矩阵 $\boldsymbol{R}$ 则随之确定.此时得到矩阵 $\boldsymbol{A}$ 的特征值为 $\lambda_1=a_{11}^{(1)}$，$\lambda_2=a_{22}^{(1)}$，它们对应的特征向量分别是 $\boldsymbol{R}^{\mathrm{T}}$ 的各列，即对应于 λ_1，λ_2 的特征向量分别是 $\boldsymbol{x}_1=(\cos\theta,\sin\theta)^{\mathrm{T}}$，$\boldsymbol{x}_2=(-\sin\theta,\cos\theta)^{\mathrm{T}}$.

可以看出，对二阶实对称矩阵 $\boldsymbol{A}$，用适当的正交相似变换，一次即可把 $\boldsymbol{A}$ 化为对角矩阵.

当 $\boldsymbol{A}$ 为 n 阶实对称矩阵时，需使用 n 阶 Givens 旋转矩阵 $\boldsymbol{R}$.容易验证，对于 n 阶 Givens 旋转矩阵 $\boldsymbol{R}$ 来说，$\boldsymbol{RA}$ 只改变 $\boldsymbol{A}$ 的第 p 行与第 q 行元素，$\boldsymbol{AR}^{\mathrm{T}}$ 只改变 $\boldsymbol{A}$ 的第 p 列与第 q 列元素，$\boldsymbol{RAR}^{\mathrm{T}}$ 只改变 $\boldsymbol{A}$ 的第 p 行、第 q 行、第 p 列与第 q 列元素.

Jacobi 方法是通过一系列旋转相似变换逐渐将实对称矩阵 $\boldsymbol{A}$ 化为近似对角矩阵的过程，即

$$\begin{cases}\boldsymbol{A}_0 = \boldsymbol{A}, \\ \boldsymbol{A}_{k+1} = \boldsymbol{R}_{k+1}\boldsymbol{A}_k\boldsymbol{R}_{k+1}^{\mathrm{T}} \quad (k=0,1,2,\cdots).\end{cases} \tag{8.17}$$

恰当地选取每个旋转矩阵 $\boldsymbol{R}_{k+1}$，就可以使 $\boldsymbol{A}_{k+1}$趋于对角化.

设 $\boldsymbol{R}_{k+1}=\boldsymbol{R}(p,q,\theta)$，其中 p 和 q 分别指向矩阵 $\boldsymbol{A}_k$ 的严格上三角形矩阵中绝对值最大的元素的行号和列号.变换过程中产生的 $\boldsymbol{A}_{k+1}$也是实对称矩阵.$\boldsymbol{A}_{k+1}$与 $\boldsymbol{A}_k$ 的差别仅在于第 p、q 行与第 p、q 列的元素.由矩阵乘法可得

$$\begin{cases}a_{pj}^{(k+1)} = a_{pj}^{(k)}\cos\theta + a_{qj}^{(k)}\sin\theta = a_{jp}^{(k+1)}, \\ a_{qj}^{(k+1)} = -a_{pj}^{(k)}\sin\theta + a_{qj}^{(k)}\cos\theta = a_{jq}^{(k+1)},\end{cases} \quad j\neq p,q; \tag{8.18}$$

$$\begin{cases}a_{pp}^{(k+1)} = a_{pp}^{(k)}\cos^2\theta + 2a_{pq}^{(k)}\sin\theta\cos\theta + a_{qq}^{(k)}\sin^2\theta, \\ a_{qq}^{(k+1)} = a_{pp}^{(k)}\sin^2\theta - 2a_{pq}^{(k)}\sin\theta\cos\theta + a_{qq}^{(k)}\cos^2\theta, \\ a_{pq}^{(k+1)} = (a_{qq}^{(k)} - a_{pp}^{(k)})\sin\theta\cos\theta + a_{pq}^{(k)}(\cos^2\theta - \sin^2\theta) = a_{qp}^{(k+1)};\end{cases} \tag{8.19}$$

$$a_{ij}^{(k+1)} = a_{ij}^{(k)}, \quad i,j\neq p,q. \tag{8.20}$$

由式(8.18)~(8.20)可知

$$(a_{pj}^{(k+1)})^2 + (a_{qj}^{(k+1)})^2 = (a_{pj}^{(k)})^2 + (a_{qj}^{(k)})^2, \quad j\neq p,q;$$

$$(a_{ij}^{(k+1)})^2 = (a_{ij}^{(k)})^2, \quad i,j\neq p,q.$$

再结合正交矩阵的性质，可得

$$(a_{pp}^{(k+1)})^2 + (a_{qq}^{(k+1)})^2 + 2(a_{pq}^{(k+1)})^2 = (a_{pp}^{(k)})^2 + (a_{qq}^{(k)})^2 + 2(a_{pq}^{(k)})^2.$$

若 $a_{pq}^{(k)}\neq 0$，选取 θ 使 $a_{pq}^{(k+1)}=0$，只需 θ 满足

$$\tan 2\theta = \frac{2a_{pq}^{(k)}}{a_{pp}^{(k)} - a_{qq}^{(k)}} \quad \left(|\theta| < \frac{\pi}{4}, a_{pp}^{(k)}\neq a_{qq}^{(k)}\right) \tag{8.21}$$

或

$$\cos 2\theta = 0 \quad (a_{pp}^{(k)} = a_{qq}^{(k)}). \tag{8.22}$$

此时则有

$$(a_{pp}^{(k+1)})^2 + (a_{qq}^{(k+1)})^2 = (a_{pp}^{(k)})^2 + (a_{qq}^{(k)})^2 + 2(a_{pq}^{(k)})^2. \tag{8.23}$$

引入记号

$$D(\boldsymbol{A}) = \sum_{i=1}^{n} a_{ii}^2, \quad S(\boldsymbol{A}) = \sum_{\substack{i,j=1 \\ i\neq j}}^{n} a_{ij}^2, \tag{8.24}$$

式中 $D(\boldsymbol{A})$表示矩阵 $\boldsymbol{A}$ 的对角元的平方和，$S(\boldsymbol{A})$表示矩阵 $\boldsymbol{A}$ 的非对角元的平方和.由 $a_{ii}^{(k+1)}=a_{ii}^{(k)}(i\neq p,q)$及式(8.23)可知

$$\begin{cases}D(\boldsymbol{A}_{k+1}) = D(\boldsymbol{A}_k) + 2(a_{pq}^{(k)})^2, \\ S(\boldsymbol{A}_{k+1}) = S(\boldsymbol{A}_k) - 2(a_{pq}^{(k)})^2.\end{cases} \tag{8.25}$$

这说明,只要 $a_{pq}^{(k)} \neq 0$,则按上述方法构造的 Givens 旋转矩阵 $\boldsymbol{R}(p,q,\theta)$ 对 $\boldsymbol{A}_k$ 变换后就会使对角线元素的平方和增加,而非对角线元素的平方和减少.需要指出的是,若在某一步已有 $a_{pq}^{(k+1)}=0$,则 $a_{pq}^{(m)}(m>k+1)$ 可能又变为非零元素.因此,并不能保证通过有限次旋转相似变换将矩阵 $\boldsymbol{A}$ 化为对角矩阵.

Jacobi 方法中每一步迭代都包含如下两个主要步骤.

(1) Givens 旋转矩阵 $\boldsymbol{R}(p,q,\theta)(p<q)$ 的确定

选取 Givens 旋转矩阵 $\boldsymbol{R}(p,q,\theta)$,使得 $a_{pq}^{(k+1)}=0$,则需使 θ 满足式(8.21)或式(8.22).考虑到舍入误差的影响,当 $a_{pp}^{(k)}=a_{qq}^{(k)}$ 时,取

$$\begin{cases}\cos\theta=\dfrac{\sqrt{2}}{2},\\ \sin\theta=\operatorname{sgn}(a_{pq}^{(k)})\cos\theta.\end{cases}\tag{8.26}$$

当 $a_{pp}^{(k)} \neq a_{qq}^{(k)}$ 时,记

$$d=\frac{a_{pp}^{(k)}-a_{qq}^{(k)}}{2a_{pq}^{(k)}},\tag{8.27}$$

由式(8.21)及式(8.27)有

$$\tan^2\theta+2d\tan\theta-1=0,\tag{8.28}$$

$$\tan\theta=-d\pm\sqrt{d^2+1}.\tag{8.29}$$

为避免相近数相减(当 $|d|$ 非常大时),取

$$t=\tan\theta=\frac{\operatorname{sgn}(d)}{|d|+\sqrt{d^2+1}},\tag{8.30}$$

进而有

$$\cos\theta=\frac{1}{\sqrt{1+t^2}},\quad \sin\theta=t\cos\theta.\tag{8.31}$$

(2) 特征向量的计算

由式(8.17)知,$\boldsymbol{A}_{k+1}=\boldsymbol{R}_{k+1}\boldsymbol{A}_k\boldsymbol{R}_{k+1}^{\mathrm{T}}=\cdots=\boldsymbol{R}_{k+1}\boldsymbol{R}_k\cdots\boldsymbol{R}_1\boldsymbol{A}_0\boldsymbol{R}_1^{\mathrm{T}}\boldsymbol{R}_2^{\mathrm{T}}\cdots\boldsymbol{R}_{k+1}^{\mathrm{T}}$.若记 $\boldsymbol{H}_0^{\mathrm{T}}=\boldsymbol{I}$,$\boldsymbol{H}_k^{\mathrm{T}}=\boldsymbol{R}_1^{\mathrm{T}}\boldsymbol{R}_2^{\mathrm{T}}\cdots\boldsymbol{R}_k^{\mathrm{T}}$,则有下述递推关系

$$\boldsymbol{H}_{k+1}^{\mathrm{T}}=\boldsymbol{H}_k^{\mathrm{T}}\boldsymbol{R}_{k+1}^{\mathrm{T}}\quad(k=0,1,2,\cdots).\tag{8.32}$$

若 $\boldsymbol{A}_{k+1}$ 趋于对角矩阵 $\operatorname{diag}(\lambda_1,\lambda_2,\cdots,\lambda_n)$,则 $\boldsymbol{H}_{k+1}^{\mathrm{T}}$ 的各列就是近似的特征向量.$\boldsymbol{H}_{k+1}^{\mathrm{T}}$ 的计算可由式(8.32)得到,其元素间的具体关系为

$$\begin{cases}h_{ip}^{(k+1)}=h_{ip}^{(k)}\cos\theta+h_{iq}^{(k)}\sin\theta,\\ h_{iq}^{(k+1)}=-h_{ip}^{(k)}\sin\theta+h_{iq}^{(k)}\cos\theta,\quad i=1,2,\cdots,n,\\ h_{ij}^{(k+1)}=h_{ij}^{(k)},\quad j\neq p,q.\end{cases}\tag{8.33}$$

下面给出 Jacobi 方法求矩阵特征问题的具体算法.

算法 8.3 Jacobi 算法

输入:矩阵 $\boldsymbol{A}$、误差限 ε.

输出:矩阵 $\boldsymbol{A}$ 的所有近似特征值及其相应的近似特征向量.

Step 1:置 $\boldsymbol{A}_0=\boldsymbol{A}, k=0$;

Step 2:选主元,即确定 $p,q(p<q)$,使 $|a_{pq}^{(k)}|=\max\limits_{i<j}|a_{ij}^{(k)}|$;

Step 3:按式(8.26)或式(8.31)计算 $\cos\theta,\sin\theta$;

Step 4:按式(8.33)计算新正交矩阵 $\boldsymbol{H}_{k+1}^{\mathrm{T}}$ 的元素;

Step 5:按式(8.18)~(8.20)计算 $\boldsymbol{A}_{k+1}$ 的元素;

Step 6:计算 $S(\boldsymbol{A}_{k+1})$,若 $S(\boldsymbol{A}_{k+1})<\varepsilon$,则停止计算;否则,置 $k=k+1$,转向 Step 2.

下面给出 Jacobi 方法收敛性的结论.

定理 8.2 设 $\boldsymbol{A}$ 为实对称矩阵,则由 $\boldsymbol{A}_0=\boldsymbol{A}$ 出发,Jacobi 方法所产生的矩阵序列 $\{\boldsymbol{A}_k\}$ 收敛于对角矩阵 $\boldsymbol{\Lambda}=\mathrm{diag}(\lambda_1,\lambda_2,\cdots,\lambda_n)$,且 $\lambda_1,\lambda_2,\cdots,\lambda_n$ 就是实对称矩阵 $\boldsymbol{A}$ 的全部特征值.

证明 由式(8.25)可知

$$S(\boldsymbol{A}_{k+1})=S(\boldsymbol{A}_k)-2(a_{pq}^{(k)})^2.$$

由 $|a_{pq}^{(k)}|=\max\limits_{i<j}|a_{ij}^{(k)}|$ 知

$$S(\boldsymbol{A}_k)=\sum_{\substack{i,j=1\\i\neq j}}^{n}(a_{ij}^{(k)})^2\leqslant\sum_{\substack{i,j=1\\i\neq j}}^{n}(a_{pq}^{(k)})^2=(n^2-n)(a_{pq}^{(k)})^2,$$

从而有

$$(a_{pq}^{(k)})^2\geqslant\frac{1}{n(n-1)}S(\boldsymbol{A}_k),$$

进而有

$$\begin{aligned}S(\boldsymbol{A}_{k+1})&=S(\boldsymbol{A}_k)-2(a_{pq}^{(k)})^2\leqslant S(\boldsymbol{A}_k)-\frac{2}{n(n-1)}S(\boldsymbol{A}_k)\\&=\left[1-\frac{2}{n(n-1)}\right]S(\boldsymbol{A}_k).\end{aligned}$$

递推得到

$$S(\boldsymbol{A}_{k+1})\leqslant\left[1-\frac{2}{n(n-1)}\right]^{k+1}S(\boldsymbol{A}_0).$$

当 $n>2$ 时,显然有 $\lim\limits_{k\to+\infty}S(\boldsymbol{A}_k)=0$,即非对角元的平方和趋于零,$\boldsymbol{A}_k$ 趋于对角矩阵,Jacobi 方法收敛.

例 8.3 用 Jacobi 方法求例 8.1 中实对称矩阵的全部特征值与特征向量，取 $\varepsilon = 10^{-12}$.

解 按 Jacobi 算法 8.3 编程计算，结果见表 8.3.

表 8.3 Jacobi 方法的计算结果

k	$\boldsymbol{A}_k$	$\boldsymbol{H}_k^{\mathrm{T}}$
0	$\boldsymbol{A}$	$\boldsymbol{I}$
1	$\begin{pmatrix} -12.658\,910\,5 & 0.000\,000\,0 & 3.359\,203\,4 \\ 0.000\,000\,0 & 1.658\,910\,5 & -1.309\,867\,3 \\ 3.359\,203\,4 & -1.309\,867\,3 & 7.000\,000\,0 \end{pmatrix}$	$\begin{pmatrix} 0.976\,718\,8 & 0.214\,523\,4 & 0.000\,000\,0 \\ -0.214\,523\,4 & 0.976\,718\,8 & 0.000\,000\,0 \\ 0.000\,000\,0 & 0.000\,000\,0 & 1.000\,000\,0 \end{pmatrix}$
2	$\begin{pmatrix} -13.217\,065\,1 & 0.214\,699\,9 & 0.000\,000\,0 \\ 0.214\,699\,9 & 1.658\,910\,5 & -1.292\,151\,9 \\ 0.000\,000\,0 & -1.292\,151\,9 & 7.558\,154\,6 \end{pmatrix}$	$\begin{pmatrix} 0.963\,509\,1 & 0.214\,523\,4 & 0.160\,093\,6 \\ -0.211\,622\,1 & 0.976\,718\,8 & -0.035\,162\,5 \\ -0.163\,909\,6 & 0.000\,000\,0 & 0.986\,475\,4 \end{pmatrix}$
⋮	⋮	⋮
6	$\begin{pmatrix} -13.220\,180\,0 & -0.000\,001\,3 & 0.000\,000\,0 \\ -0.000\,001\,3 & 1.391\,318\,3 & 0.000\,000\,0 \\ 0.000\,000\,0 & 0.000\,000\,0 & 7.828\,861\,6 \end{pmatrix}$	$\begin{pmatrix} 0.960\,150\,9 & 0.256\,628\,9 & 0.110\,688\,3 \\ -0.225\,736\,8 & 0.945\,606\,1 & -0.234\,247\,7 \\ -0.164\,782\,2 & 0.199\,926\,8 & 0.965\,855\,1 \end{pmatrix}$
7	$\begin{pmatrix} -13.220\,180\,0 & 0.000\,000\,0 & 0.000\,000\,0 \\ 0.000\,000\,0 & 1.391\,318\,3 & 0.000\,000\,0 \\ 0.000\,000\,0 & 0.000\,000\,0 & 7.828\,861\,6 \end{pmatrix}$	$\begin{pmatrix} 0.960\,150\,9 & 0.256\,628\,9 & 0.110\,688\,3 \\ -0.225\,736\,8 & 0.945\,606\,1 & -0.234\,247\,7 \\ -0.164\,782\,2 & 0.199\,926\,8 & 0.965\,855\,1 \end{pmatrix}$

从表 8.3 可以看出，$\boldsymbol{A}$ 的特征值分别为

$$\lambda_1 = -13.220\,180\,0, \quad \lambda_2 = 1.391\,318\,3, \quad \lambda_3 = 7.828\,861\,6,$$

对应的特征向量分别为

$$\boldsymbol{x}_1 = (0.960\,150\,9, -0.225\,736\,8, -0.164\,782\,2)^{\mathrm{T}},$$

$$\boldsymbol{x}_2 = (0.256\,628\,9, 0.945\,606\,1, 0.199\,926\,8)^{\mathrm{T}},$$

$$\boldsymbol{x}_3 = (0.110\,688\,3, -0.234\,247\,7, 0.965\,855\,1)^{\mathrm{T}}.$$

二、Jacobi 方法的变形

使用 Jacobi 方法进行计算时，每次先要在非对角元中循环扫描以挑选主元，这要花费较多的机时.实用中，常常对 Jacobi 方法进行修正.在开始扫描之前，首先确定一个阈值，在实对称矩阵的严格上三角部分逐行扫描，遇到绝对值超过该阈值的元素，即使用旋转矩阵将之变换为零.需要注意的是，在完成一次扫描后，

原来低于阈值的非对角元经过本次扫描后其值可能会超过阈值.因此需要多次扫描才能使所有非对角元的绝对值都低于此阈值.将阈值进一步缩小,执行上述过程,直到阈值小于精度要求,所有非对角元均小于阈值为止.综上可得变形的 Jacobi 算法如下.

算法 8.4　变形的 Jacobi 算法

输入:矩阵 $\boldsymbol{A}$、误差限 ε.

输出:矩阵 $\boldsymbol{A}$ 的所有近似特征值及其相应的近似特征向量.

Step 1:计算非对角元素的平方和 $\nu_0 = 2\sum\limits_{i=1}^{n-1}\sum\limits_{j=i+1}^{n} a_{ij}^2$;

Step 2:设置一个阈值 $\nu_1>0$,一般选取 $\nu_1=\dfrac{\nu_0}{n}$;

Step 3:对 $\boldsymbol{A}$ 的非对角元 $a_{ij}(i<j)$ 逐个扫描,若某个 $|a_{ij}|>\nu_1$,则立即对 $\boldsymbol{A}$ 作一次旋转变换,之后对所得的新矩阵继续扫描,只要有非对角元素的绝对值大于 ν_1,就利用旋转变换将其变为零,如此多次扫描,直到所有非对角元均满足 $|a_{ij}|\leqslant\nu_1$;

Step 4:若 $\nu_1\leqslant\varepsilon$,则结束计算,得到特征值与特征向量;否则,转向 Step 5;

Step 5:缩小阈值,一般用 $\dfrac{\nu_1}{n}$ 代替 ν_1,重复 Step 3~Step 4.

Jacobi 算法计算简单、数值稳定性好、精度高,求得的特征向量正交性好,但是当 $\boldsymbol{A}$ 为稀疏矩阵时,旋转变换将破坏其稀疏性,且只能适用于实对称矩阵.

知识结构图

- 矩阵特征值和特征向量的计算
  - 迭代法
    - 乘幂法
    - 反幂法
    - 带原点平移的反幂法
  - 变换法
    - Jacobi 方法
    - Jacobi 方法的变形

习题八

1. 用乘幂法求矩阵

$$\boldsymbol{A}=\begin{pmatrix} 3 & -4 & 3 \\ -4 & 6 & 3 \\ 3 & 3 & 1 \end{pmatrix}$$

的主特征值及其对应的特征向量的近似值,迭代初值与终止条件同例 8.1.

2. 用反幂法计算矩阵

$$A=\begin{pmatrix}-12 & 3 & 3\\ 3 & 1 & -2\\ 3 & -2 & 7\end{pmatrix}$$

的最接近-13的特征值和对应的特征向量的近似值,迭代初值与终止条件同例8.1.

3. 用Jacobi方法求实对称矩阵

$$A=\begin{pmatrix}6 & 2 & 1\\ 2 & 3 & 1\\ 1 & 1 & 1\end{pmatrix}$$

的全部特征值的近似值,取 $\varepsilon=10^{-12}$.

4. (数值实验) 已知 n 阶方程组的系数矩阵

$$A=\begin{pmatrix}-2 & 1 & & & \\ 1 & -2 & 1 & & \\ & \ddots & \ddots & \ddots & \\ & & 1 & -2 & 1\\ & & & 1 & -2\end{pmatrix},$$

相应的Jacobi迭代矩阵为

$$B_{\mathrm{J}}=\begin{pmatrix}0 & \frac{1}{2} & & & \\ \frac{1}{2} & 0 & \frac{1}{2} & & \\ & \ddots & \ddots & \ddots & \\ & & \frac{1}{2} & 0 & \frac{1}{2}\\ & & & \frac{1}{2} & 0\end{pmatrix},$$

对 $n=2,\cdots,100$,用乘幂法计算 $\rho(B_{\mathrm{J}})$,并根据 $\omega_{opt}=\dfrac{2}{1+\sqrt{1-\rho(B_{\mathrm{J}})^2}}$ 计算相应的SOR迭代法的最佳松弛因子.

部分习题答案

第　一　章

1. $\varepsilon(x_1^*)=\frac{1}{2}\times 10^{-3}$，$\varepsilon(x_2^*)=\frac{1}{2}\times 10^{-3+4}$，$\varepsilon(x_3^*)=\frac{1}{2}\times 10^{-3}$；

   $\varepsilon_r(x_1^*)=0.162\times 10^{-3}$，$\varepsilon_r(x_2^*)=0.4\times 10^{-2}$，$\varepsilon_r(x_3^*)=0.5\times 10^{-1}$；

   三个近似数分别有 4、3 和 2 位有效数字.

4. $\varepsilon(x_1^*\pm x_2^*)\approx\varepsilon(x_1^*)+\varepsilon(x_2^*)$，

   $\varepsilon(x_1^*x_2^*)\approx|x_2^*|\varepsilon(x_1^*)+|x_1^*|\varepsilon(x_2^*)$，

   $\varepsilon\left(\frac{x_1^*}{x_2^*}\right)\approx\frac{|x_2^*|\varepsilon(x_1^*)+|x_1^*|\varepsilon(x_2^*)}{|x_2^*|^2}$，　$x_2^*\neq 0$.

5. (1) $\varepsilon_r(y_1^*)\approx\frac{\varepsilon(x_1^*)+|x_3^*|\varepsilon(x_2^*)+|x_2^*|\varepsilon(x_3^*)}{|y_1^*|}\approx 0.071\ 9$；

   (2) $\varepsilon_r(y_2^*)\approx\frac{1}{3}\varepsilon_r(x_2^*)\approx 0.001\ 33$；

   (3) $\varepsilon_r(y_3^*)\approx\varepsilon_r(x_2^*)+\varepsilon_r(x_3^*)\approx 0.054$.

6. $\varepsilon(a^*)=8.5$，$\varepsilon_r(a^*)\approx 0.006\ 52$；$\varepsilon(b^*)=4.5$，$\varepsilon_r(b^*)\approx 0.006\ 38$；

   $\varepsilon(S^*)\approx 11\ 860.15$，$\varepsilon_r(S^*)\approx 0.012\ 90$.

7. (1) $\frac{2\sin^2\frac{x}{2}}{x}$ 或 $\frac{x}{2!}-\frac{x^3}{4!}+\frac{x^5}{6!}-\frac{x^7}{8!}+\cdots$ 等；

   (2) $\ln(N+1)+N\ln\frac{N+1}{N}-1$ 或 $\ln(N+1)-\frac{1}{2N}+\frac{1}{3N^2}-\frac{1}{4N^3}+\cdots$ 等；

   (3) $\frac{1}{\sqrt[3]{(x+1)^2}+\sqrt[3]{(x+1)x}+\sqrt[3]{x^2}}$ 等.

8. 通过分析截断误差以及舍入误差知，算法 3 的结果更为可靠.

第　二　章

1. 0.921.

2. 15 次.

3. (1)和(3)收敛, $x^*=1.466$;(2)发散.

4. (1) 0.739 1;(2) 0.910 0.

5. $x^*=1.044\ 76$.

6. $x^*=1.325\ 0$.

7. $x^*=1.879\ 4$.

8. $x_{k+1}=\dfrac{-2+4x_k-2x_k^2+x_k^3}{3-4x_k+2x_k^2}$,

$x_1=2.013\ 008\ 130\ 1, x_2=2.000\ 000\ 721\ 1, x_3=2.000\ 000\ 000\ 0$.

9. $x_{n+1}=\varphi(x_n)=\dfrac{2x_n^3+a}{3x_n^2}=\dfrac{1}{3}\left(2x_n+\dfrac{a}{x_n^2}\right)$.

第 三 章

1. $x_1=2, x_2=1, x_3=0.5$.

2. $x_1=1, x_2=-1, x_3=1, x_4=-1$.

3. $x_1=2, x_2=1, x_3=-1$.

4. $x_1=0, x_2=1, x_3=-1, x_4=2$.

5. 提示:只要证明 $\boldsymbol{A}^{\mathrm{T}}\boldsymbol{A}$ 对称正定即可.

6. $\|\boldsymbol{A}\|_\infty=1.1$, $\|\boldsymbol{A}\|_1=0.8$, $\|\boldsymbol{A}\|_2=0.827\ 853\ 1$, $\|\boldsymbol{A}\|_F=0.842\ 615\ 0$.

7. (2) Jacobi 迭代 13 步,结果为$(-4.000\ 151\ 5, 2.999\ 647\ 4, 2.000\ 159\ 9)^{\mathrm{T}}$.

JGS 迭代 7 步,结果为$(-3.999\ 974\ 1, 3.000\ 042\ 6, 2.000\ 007\ 6)^{\mathrm{T}}$.

8. 系数矩阵对称正定, $0<\omega<2$ 时 SOR 方法收敛;迭代 11 步,结果为$(3.000\ 001\ 6, 3.999\ 999\ 3, -5.000\ 000\ 5)^{\mathrm{T}}$.

9. 提示:根据定理 3.5 证明;Jacobi 迭代 4 步,结果为$(1.000\ 000\ 0, -1.000\ 000\ 0, 1.000\ 000\ 0)^{\mathrm{T}}$.

10. 提示:根据定理 3.5 证明.

11. $|a|>2$.

第 四 章

1. $y=\dfrac{8}{35}x^3-\dfrac{22}{35}x^2-\dfrac{41}{35}x+1$.

2. 0.900 4.

3. 1.162.

4. $p_3(x)=1+x+(2\mathrm{e}-5)x^2+(3-\mathrm{e})x^3$,

$R_3(x)=\dfrac{1}{4!}f^{(4)}(\xi)x^2(x-1)^2\leqslant\dfrac{\mathrm{e}}{4!}x^2(x-1)^2$.

5. 设余项

$$R(x)=f(x)-H_3(x)=k(x)(x-a)\left(x-\frac{a+b}{2}\right)^2(x-b).$$

当 x 不同于 a,b 和 $\frac{a+b}{2}$ 时，构造如下关于 t 的函数：

$$g(t)=f(t)-H_3(t)-k(x)(t-a)\left(t-\frac{a+b}{2}\right)^2(t-b),$$

于是函数 $g(t)$ 也是充分光滑的，并且有如下零点：

$$g(a)=g\left(\frac{a+b}{2}\right)=g(b)=0,\ g'\left(\frac{a+b}{2}\right)=0.$$

多次使用 Rolle 定理知，至少存在一个依赖于 x 的点 ξ，使得

$$g^{(4)}(\xi)=0,$$

从而可得

$$k(x)=\frac{f^{(4)}(\xi)}{4!},$$

从而有截断误差

$$R(x)=f(x)-H_3(x)=\frac{f^{(4)}(\xi)}{4!}(x-a)\left(x-\frac{a+b}{2}\right)^2(x-b),$$

其中 ξ 依赖于 x.

6. 由于 $f(a)=f(b)=0$，故基于此两点的线性插值多项式

$$L_1(x)=f(a)l_0(x)+f(b)l_1(x)=0,$$

因此有

$$f(x)=L_1(x)+R_1(x)=R_1(x)=\frac{1}{2!}f''(\xi)(x-a)(x-b).$$

两边取绝对值，得

$$|f(x)|=\frac{1}{2}|f''(\xi)|\cdot|(x-a)(x-b)|\leqslant\frac{1}{2}\max_{a\leqslant x\leqslant b}|f''(x)|\cdot|(x-a)(x-b)|$$

$$\leqslant\frac{1}{2}\max_{a\leqslant x\leqslant b}|f''(x)|\frac{1}{4}(b-a)^2=\frac{1}{8}\max_{a\leqslant x\leqslant b}|f''(x)|(b-a)^2.$$

7. 当 $n=1$ 时，有

$$f[x_0,x_1]=\frac{f(x_1)-f(x_0)}{x_1-x_0}=\frac{f(x_0)}{x_0-x_1}+\frac{f(x_1)}{x_1-x_0}.$$

假设当 $n=k$ 时公式成立，即有

$$f[x_0,x_1,\cdots,x_k]=\sum_{i=0}^{k}\frac{f(x_i)}{\omega'_{k+1}(x_i)},$$

则当 $n=k+1$ 时，依据差商定义，

$$f[x_0,x_1,\cdots,x_k,x_{k+1}]$$
$$=\frac{f[x_1,x_2,\cdots,x_{k+1}]-f[x_0,x_1,\cdots,x_k]}{x_{k+1}-x_0}$$

$$
= \frac{\sum_{i=1}^{k+1} \frac{f(x_i)}{\omega'_{k+1}(x_i)} - \sum_{i=0}^{k} \frac{f(x_i)}{\omega'_{k+1}(x_i)}}{x_{k+1} - x_0}
$$

$$
= \frac{f(x_0)}{\omega'_{k+2}(x_0)} + \frac{f(x_{k+1})}{\omega'_{k+2}(x_{k+1})} +
$$

$$
\sum_{i=1}^{k} \left[\frac{f(x_i)}{(x_i - x_1)\cdots(x_i - x_{i-1})(x_i - x_{i+1})\cdots(x - x_{k+1})} - \right.
$$

$$
\left. \frac{f(x_i)}{(x_i - x_0)\cdots(x_i - x_{i-1})(x_i - x_{i+1})\cdots(x - x_k)} \right]
$$

$$
= \sum_{i=0}^{k+1} \frac{f(x_i)}{\omega'_{k+2}(x_i)}.
$$

由此可知当 $n=k+1$ 时结论成立.综上,对于任意的 $n \in \mathbf{Z}_+$,结论成立.

8. 对于一阶及二阶差商,易证

$$
f[x_i, x_{i+1}] = \frac{f(x_{i+1}) - f(x_i)}{x_{i+1} - x_i} = \frac{\Delta f_i}{h},
$$

$$
f[x_i, x_{i+1}, x_{i+2}] = \frac{f[x_{i+1}, x_{i+2}] - f[x_i, x_{i+1}]}{x_{i+2} - x_i} = \frac{\Delta^2 f_i}{2h^2}.
$$

假设对于 k 阶差商,结论成立,即有

$$
f[x_i, x_{i+1}, \cdots, x_{i+k}] = \frac{\Delta^k f_i}{k!\ h^k},
$$

则对于 $k+1$ 阶差商

$$
f[x_i, x_{i+1}, \cdots, x_{i+k+1}] = \frac{f[x_{i+1}, x_{i+2}, \cdots, x_{i+k+1}] - f[x_i, x_{i+1}, \cdots, x_{i+k}]}{x_{i+k+1} - x_i}
$$

$$
= \frac{\frac{\Delta^k f_{i+1}}{k!\ h^k} - \frac{\Delta^k f_i}{k!\ h^k}}{(k+1)h} = \frac{\Delta^{k+1} f_i}{(k+1)!\ h^{k+1}}.
$$

可见对于任意阶差商,它们之间的关系成立.

9. 提示:基于 $n+1$ 个点构造的插值多项式对 n 次多项式可以精确再生,即插值误差为零.

第 五 章

1. (1) 对应的正规方程组为 $\begin{pmatrix} 20 & 8 \\ 8 & 8 \end{pmatrix} \begin{pmatrix} x_1 \\ x_2 \end{pmatrix} = \begin{pmatrix} 20 \\ 20 \end{pmatrix}$,解向量 $\boldsymbol{x}^{\mathrm{T}} = \left(\frac{5}{8}, \frac{15}{8} \right)$;

(2) 对应的正规方程组为 $\begin{pmatrix} 2 & 4 & 2 \\ 4 & 17 & 10 \\ 2 & 10 & 6 \end{pmatrix} \begin{pmatrix} x_1 \\ x_2 \\ x_3 \end{pmatrix} = \begin{pmatrix} 2 \\ 7 \\ 4 \end{pmatrix}$,此方程组有无穷多组解.

2. 设常值函数为 $y=c$,则要求包含 c 的函数

$$I = \sum_{i=0}^{n} [c - f(x_i)]^2$$

取得最小值，由取得极值的必要条件$\frac{\partial I}{\partial c}=0$，解得 $c = \frac{1}{n}\sum_{i=0}^{n} f(x_i)$.

3. 对应的正规方程组为$\begin{pmatrix} 5 & 5\ 327 \\ 5\ 327 & 7\ 277\ 699 \end{pmatrix}\begin{pmatrix} a \\ b \end{pmatrix} = \begin{pmatrix} 270 \\ 369\ 320 \end{pmatrix}$，解得 $a=0.972\ 6$，$b=0.05$，对应的多项式为 $y=0.972\ 6+0.05x^2$.

4. 化为线性模型为 $\ln I=\ln I_0-at$，代入数据得到正规方程组

$$\begin{pmatrix} 5 & -2 \\ -2 & 0.9 \end{pmatrix}\begin{pmatrix} \ln I_0 \\ a \end{pmatrix} = \begin{pmatrix} 7.044\ 3 \\ -2.766\ 6 \end{pmatrix},$$

解得 $I_0=5.018\ 8$，$a=0.510\ 9$.

第 六 章

2. $f'(2.2)\approx 9.008\ 88$，$f''(2.2)\approx 9.297\ 75$.

3. (1) $a_0=\pi$，$b_0=\pi$；

(2) $a_0=\pi\approx\frac{4p_{2n}-p_n}{3}=3.141\ 1$，$b_0=\pi\approx\frac{4q_{2n}-q_n}{3}=3.132\ 5$.

5. (1) $A_{-1}=A_1=\frac{1}{3}h$，$A_0=\frac{4}{3}h$；3 次精度；

(2) $\begin{cases} x_1=0.289\ 897\ 948, \\ x_2=-0.526\ 598\ 632 \end{cases}$ 或 $\begin{cases} x_1=-0.689\ 897\ 948, \\ x_2=0.126\ 598\ 632; \end{cases}$ 2 次精度.

7. 复化梯形求积公式：$n=410$，$I\approx 0.386\ 294\ 112\ 038\ 09$；

复化 Simpson 公式：$n=19$，$I\approx 0.386\ 294\ 268\ 953\ 81$.

8.

n	梯形序列	Simpson 序列	Cotes 序列	Romberg 序列
0	0.683 939 7			
1	0.645 235 2	0.632 333 7		
2	0.635 409 4	0.632 134 2	0.632 120 9	
3	0.632 943 4	0.632 121 4	0.632 120 6	0.632 120 6
4	0.632 326 3	0.632 120 6	0.632 120 6	0.632 120 6

9. Gauss 求积公式：0.785 402 976 312 13；

Newton-Cotes 求积公式：0.784 615 384 615 38；

准确值：$\arctan 1\approx 0.785\ 398\ 163\ 397\ 45$.

第 七 章

1. 显式 Euler 公式：$y_1=1.1000000$，$y_2=1.2200000$，$y_3=1.3620000$，$y_4=1.5282000$；

   隐式 Euler 公式：$y_1=1.1222222$，$y_2=1.2691358$，$y_3=1.4434842$，$y_4=1.6483158$.

2. 梯形公式：$y_1=1.1105263$，$y_2=1.2432133$，$y_3=1.4003936$，

   $y_4=1.5846456$；

   Euler 梯形预估校正公式：$y_1=1.1100000$，$y_2=1.2420500$，

   $y_3=1.3984653$，$y_4=1.5818041$.

3. $-\dfrac{h^3}{12}y'''(x_n)$.

5. 取步长 $h=0.1$ 时：$y_1=1.1103417$，$y_2=1.2428051$，$y_3=1.3997170$，$y_4=1.5836485$；

   取步长 $h=0.2$ 时：$y_1=1.2428000$，$y_2=1.5836359$.

6. (1) $h\leqslant 0.02$；(2) $h\leqslant 0.0278$；(3) $h<0.02$.

7. (1) $y_1=2.9145125$，$y_2=2.8561927$，$y_3=2.8224553$，$y_4=2.8109598$，$y_5=2.8195908$；

   (2) $y_1=0.9957366$，$y_2=0.9852681$，$y_3=0.9710495$，$y_4=0.9546358$，$y_5=0.9369956$.

8. $\dfrac{h^3}{3}y'''(\eta)$，$\eta\in(x_{n-1},x_{n+1})$.

9. $a=\dfrac{1}{5}$，$b=\dfrac{4}{5}$，$c=\dfrac{4}{5}$，$d=\dfrac{2}{5}$，三阶方法，$-\dfrac{h^4}{30}y^{(4)}(x_n)$.

10. 提示：利用局部阶段误差与收敛阶的关系结合 Taylor 展开式证明.

11. $R_{n+1}=\dfrac{5h^3}{12}y'''(x_n)+O(h^4)$，二阶方法.

第 八 章

1. $\lambda_1=8.8699012$，$\boldsymbol{x}_1=\boldsymbol{V}^{(32)}=(-0.6043629,1.0000000,0.1508166)^{\mathrm{T}}$.

2. $\lambda=-13.2201800$，$\boldsymbol{x}=\boldsymbol{V}^{(7)}=(4.5417391,-0.2351055,-0.1716212)^{\mathrm{T}}$.

3. $\lambda_1=7.2879921$，$\lambda_2=2.1330745$，$\lambda_3=0.5789334$.

参考文献

[1] 石钟慈,袁亚湘.奇效的计算:大规模科学与工程计算的理论与方法.长沙:湖南科学技术出版社,1998.

[2] 白峰杉.数值计算引论. 2 版.北京:高等教育出版社,2010.

[3] HEATH M T. Scientific Computing:A Introduction Survey. 2nd ed. New York:McGraw-Hill Companies,Inc.,2002.

[4] 周铁,徐树方,张平文,等.计算方法.北京:清华大学出版社,2006.

[5] 李庆扬,关治,白峰杉.数值计算原理.北京:清华大学出版社,2000.

[6] 封建湖,车刚明,聂玉峰.数值分析原理.北京:科学出版社,2001.

[7] 李庆扬.科学计算方法基础.北京:清华大学出版社,2006.

[8] CHAPRA S C, CANALE R P. Numerical Methods For Engineers. 3rd ed. New York:McGraw-Hill Companies,Inc.,2000.

[9] 《现代应用数学手册》编委会.现代应用数学手册.北京:清华大学出版社,2005.

[10] 徐萃薇,孙绳武.计算方法引论.北京:高等教育出版社,2007.

[11] MICHAEL T H. 科学计算导论. 张威,贺华,冷爱萍,译.北京:清华大学出版社,2005.

[12] 余德浩,汤华中.微分方程数值解法.北京:科学出版社,2003.

[13] 蔡大用,白峰杉.高等数值分析.北京:清华大学出版社,1997.

[14] 关治,陆金甫.数值方法.北京:清华大学出版社,2006.

[15] 曾金平.数值计算方法.长沙:湖南大学出版社,2004.

[16] 李红.数值分析.2 版. 武汉:华中科技大学出版社,2010.

[17] 孙志忠,袁慰平,闻震初.数值分析.3 版. 南京:东南大学出版社,2011.

[18] 钟尔杰,黄廷祝.数值分析.北京:高等教育出版社,2004.

[19] STOER J, BULIRSCH R. Introduction to Numerical Analysis. New York:Springer-Verlag, 1993.

[20] WILKINSON J H.代数特征值问题.石钟慈,邓健新,译.北京:科学出版社,2001.

[21] 杜延松,覃太贵.数值分析及实验.2 版. 北京:科学出版社,2012.

[22] 蒋长锦.线性代数计算方法.合肥:中国科学技术大学出版社,2003.
[23] 由同顺.数值代数.天津:天津大学出版社,2006.
[24] 颜庆津.数值分析.4 版. 北京:北京航空航天大学出版社,2012.
[25] 欧阳洁,聂玉峰,车刚明,等.数值分析.北京:高等教育出版社,2009.
[26] 吕同富,康兆敏,方秀男.数值计算方法.北京:清华大学出版社,2008.
[27] KINCAID D,CHENEY W.数值分析.3 版. 王国荣,俞耀明,徐兆亮,译.北京:机械工业出版社,2005.
[28] LANCASTER P, SALKAUSKAS K. Surfaces Generated by Moving Least Squares Methods. Mathematics of Computation,1981, 37(155):141-158.
[29] 左传伟,聂玉峰,赵美玲. 移动最小二乘方法中影响半径的选取.工程数学学报,2005,22(5):833-838.